拿起手机修大片

赞爆朋友圈的手机摄影后期技巧

刘攀 编著

人民邮电出版社
北京

图书在版编目（CIP）数据

拿起手机修大片 ： 赞爆朋友圈的手机摄影后期技巧 / 刘攀编著. -- 北京 ： 人民邮电出版社， 2018.5（2021.1重印）
ISBN 978-7-115-47899-3

Ⅰ. ①拿… Ⅱ. ①刘… Ⅲ. ①移动电话机－图象处理软件 Ⅳ. ①TN929.53②TP391.413

中国版本图书馆CIP数据核字(2018)第028687号

内 容 提 要

用手机拍摄的照片，也需要经过后期修图才能让照片的魅力更好地展现出来。

本书共介绍了3款手机后期软件：第一款软件是注重细节处理的Snapseed，该软件被称为“掌上Photoshop”，是后期软件中的佼佼者，本书通过8 章的内容讲解了使用Snapseed软件进行二次构图、色彩调节、画面整体处理、画面细节处理、结合蒙版的应用等后期操作，可以对照片不满意的地方进行修饰，让画面焕然一新；第二款软件是个性化十足的PicsArt，该软件也有多种基本调整功能，但更值得人们关注的是其能够制作出个性十足的效果，书中分别介绍了用PicsArt 制作的简单效果和各种让人称奇的梦幻效果，比如将主体制作成被风吹散的效果、将照片制作成三维立体的星球效果等；第三款软件是滤镜效果出众的MIX滤镜大师，书中介绍了MIX软件的一些非常出众的滤镜效果，以及如何下载和自定义滤镜效果等操作。一旦你掌握了书中介绍的这三款软件的操作，就足以应对手机摄影后期处理的绝大部分要求，甚至是实现一些充满创意或梦幻的效果。

本书既适合刚刚接触手机摄影的初学者阅读，也适合具有一定摄影基础的手机摄影爱好者参考。

◆ 编　　著　刘　攀
责任编辑　杨　婧
责任印制　周昇亮
◆ 人民邮电出版社出版发行　　北京市丰台区成寿寺路 11 号
邮编　100164　　电子邮件　315@ptpress.com.cn
网址　http://www.ptpress.com.cn
天津市银博印刷集团有限公司印刷
◆ 开本：690×970　1/16
印张：18.25　　2018 年 5 月第 1 版
字数：378 千字　　2021 年 1 月天津第 8 次印刷

定价：89.00 元

读者服务热线：(010)81055296　印装质量热线：(010)81055316
反盗版热线：(010)81055315
广告经营许可证：京东市监广登字 20170147 号

前言

如今，我们几乎每天都会使用手机拍摄照片，手机摄影已经成为我们日常生活的一部分。浏览朋友圈里大家分享的照片时你会发现，即便拍摄的是同样的景色，也会因为照片画面效果的好坏而出现让多人点赞和让人无视这两种完全不同的结果。其实很多时候，照片画面质量的差异可能就发生在后期处理上。一张照片通过手机后期软件处理之后，画面效果就会截然不同。

手机摄影需求的日益增加，不仅推动了手机附件产业的发展，也刺激了手机后期软件的快速发展。虽然无论在书店、图书馆还是购物网站上，我们都可以轻松找到大量的手机摄影技巧方面的书籍，但是关于手机后期处理方面的书籍却寥寥无几。鉴于此，我们想编写一本专门的手机后期处理方面的书籍，于是有了呈现在您面前的这本书。

如今的手机后期软件，功能都非常强大，有些功能甚至可以媲美Photoshop。但大多数人却只会用这些后期软件进行极为简单的操作，致使软件的大部分功能都没有得到充分发挥。所以，在本书中我们会教大家如何利用后期软件进行更加专业的修图操作，使照片更有魅力。

另外，这本书很重要的一点是要给大家传达“摄影与后期处理不分家”的观点。有些照片原图本身就很精彩，经过后期修饰后，画面效果会得到升华；而有些原图不好的废片，也可以通过后期的修饰变废为宝，调出很棒的画面效果。

在手机的App下载专区中，有众多手机后期处理软件，我们从中选择了Snapseed、PicsArt和MIX滤镜大师。这并不是随意挑选的，这三款软件都拥有非常出色的后期处理功能，而且它们都拥有各自擅长的领域：Snapseed软件擅长处理画面细节，PicsArt可以制作出许多精彩绝伦的效果，而MIX滤镜大师则有许多出众的滤镜选择。有了这三款软件，可以让您在后期处理时游刃有余。

最后，希望读完本书后您也能创造出可以引爆朋友圈的精彩照片。

目录

花落
花开

第 1 章

Snapseed 后期处理让构图更完美

有着掌上Photoshop之称的手机后期图片处理软件，是手机后期图片处理软件中的佼佼者，拥有非常强大的后期处理能力，无论是在处理照片整体效果方面，还是在对照片中的一些细节信息进行微调处理，Snapseed基本都可以满足我们的操作需求。

我们前期用手机拍摄的照片，难免会有构图不理想的情况，这就需要我们对照片进行二次构图，Snapseed中的裁剪、变形、旋转等工具都可以帮助我们对原本不理想的构图进行调整，从而让照片构图更完美，具体使用方法，请看本章内容。

1.1 初识Snapseed软件

在使用Snapseed进行二次构图处理前，我们需要先了解一下Snapseed。

Snapseed和其他手机软件一样，具有对照片调整的基本功能，比如对照片亮度、对比度、饱和度、高光、阴影等信息的调整，同时它还拥有一些独具软件特色的功能，比如局部、画笔、修复、透视、光圈、晕影等。而在Snapseed软件中的众多功能中，曲线功能以及蒙版功能可以让我们对照片进行更加专业的处理。

另外，使用Snapseed软件对照片进行处理时，在操作上也别具特色，Snapseed软件又被称为拇指修图软件，可以用手指滑动屏幕进行后期处理。

2. 进入Snapseed的功能界面，可以看到有【样式】、【工具】、【导出】三个选择，其中【工具】是我们进行修图处理的主要菜单

工具

【工具】图标

1. Snapseed软件的Logo以及开始界面

调整图片 突出细节 曲线 白平衡
剪裁 旋转 透视 展开
局部 画笔 修复 HDR 景观
魅力光晕 色调对比度 戏剧效果 复古
样式 工具 导出

3. 点击【工具】后，可以看到有【调整照片】、【突出细节】、【曲线】、【剪裁】、【镜头模糊】、【魅力光晕】、【粗粒胶片】、【黑白电影】等相应的工具菜单

Snapseed如何进行拇指修图

Snapseed在操作上非常特别，只要我们将手指放在屏幕上滑动，便可以对照片进行后期处理，这种操作方式既便捷又可以让后期处理过程轻松有趣。

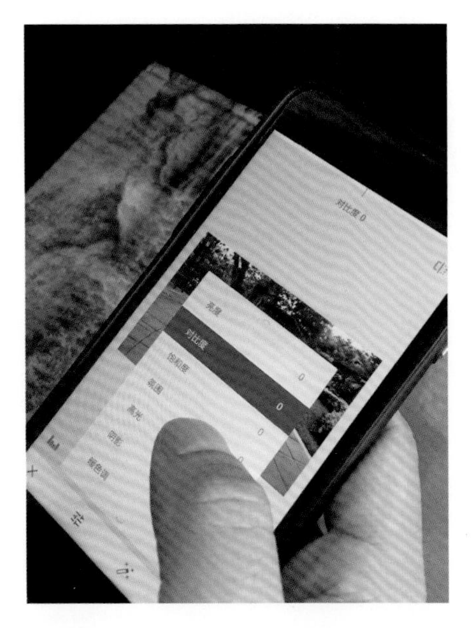

1. 用手指在界面上滑动，即可出现相应的功能菜单

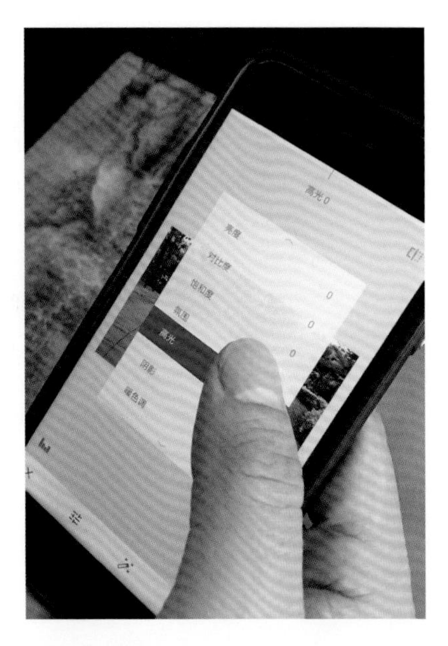

2. 出现功能菜单后，手指不要离开屏幕，继续滑动，可以选择不同的功能

3. 选好调整功能后松开手指，界面即在此功能下，之后用手指向右滑动屏幕，就是增加数值，也就是效果增强

4. 向左滑动手指，就是减少数值，也是减弱功能效果

1.2 利用剪裁工具裁切照片

我们在拍摄照片时，无论使用单反相机拍摄还是手机拍摄，谁也无法保证每次都能得到让人满意的构图效果，其原因有很多，有些是因为手机镜头的焦段太短，有些是受到拍摄环境的影响，有些则是因为拍摄时不够专心导致的。

为了能改善这些构图上的不足，我们可以利用Snapseed软件中的【剪裁】工具对画面进行二次构图，以便使画面的构图更加完美，主体更加突出。

拍摄湖中的荷花美景，画面元素过多，显得有些杂乱

利用Snapseed软件中的【剪裁】工具对画面进行裁切处理，将多余的景物裁切掉，使用类似宽屏电影的比例，让画面更有感觉

剪裁

1. 选择【剪裁】工具

2. 进入【剪裁】工具中，系统会默认自由调整模式，我们可以通过手指来挪动裁剪的边缘

3. 除了自由模式，系统还为我们提供了不同比例的裁切模式

导出

【导出】图标

4. 尝试不同的预设比例进行裁切

5. 点击【旋转】图标，可以对选择的比例模式进行横竖切换

6. 裁切完成后，可以为画面添加滤镜效果，让画面更有气氛，之后点击【导出】，然后保存照片

1.3 利用透视工具调整畸变

在摄影创作中，主体变形也是比较常见的现象，这主要是由于手机镜头、拍摄角度和拍摄距离造成的，对于主体的变形处理，我们可以利用Snapseed中的【透视】功能进行修复，通过对画面进行倾斜、旋转、缩放、自由的调整，来达到满意的效果。

这里要强调的是，虽然其他一些手机后期软件也有这方面的功能，但大多数都是在画面之内进行调整，如果有角度的改变，那么势必会裁切掉一部分内容。但Snapseed不同，如果调整范围超出画面，导致出现出画、缺角等现象时，变形功能会自动修补这些区域，让照片处理起来更加便捷。

处理前的画面，建筑产生了明显变形

通过Snapseed软件对画面进行修复，画面显得更加协调，构图更加严谨

透视

1. 将需要调整的照片导入Snapseed中，并选择【透视】工具

2. 调出调整工具，可以看到透视工具中有【倾斜】、【旋转】、【缩放】、【自由】的调整

利用透视工具，对画面进行倾斜角度的调整。

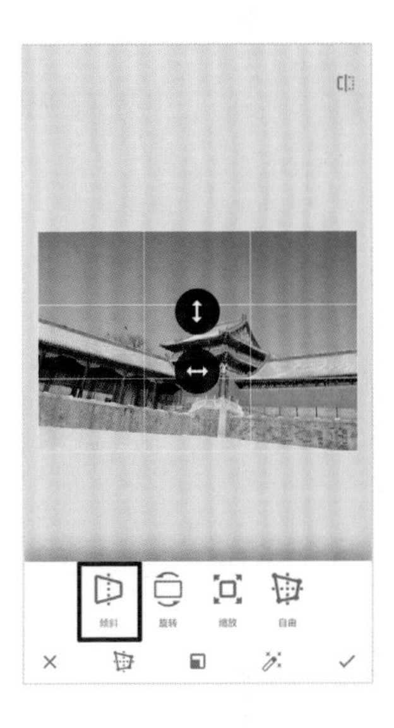

1. 用手指上下或左右滑动屏幕，对画面进行倾斜程度的调整

2. 在进行【倾斜】调整时，可以看到画面出现黑色的缺角现象

3. 当我们松开手指确定调整后，软件会智能修补缺失的画面元素

利用透视工具，对画面进行旋转角度的调整。

1. 用手指左右滑动屏幕，对画面进行旋转程度的调整

2. 在进行【旋转】调整时，可以看到画面出现黑色的缺角现象

3. 当我们松开手指确定调整后，软件会智能修补缺失的画面元素

利用透视工具，对画面进行缩放角度的调整。

1. 用手指上下滑动或者左右滑动屏幕，对画面进行缩放程度的调整

2. 上下滑动屏幕，对画面进行上下缩放处理

3. 左右滑动屏幕，对画面进行左右缩放处理

利用透视工具，对画面进行自由角度的调整。

1. 自由模式可以任意改变画面形态，画面的四个角以及上下左右都可以滑动

2. 用手指向右滑动画面左下角的效果

3. 对画面任意角度都可以进行滑动改变

填色设置。

1. 点击填色设置，软件默认的是智能填色模式，可以设置为白色或黑色

2. 设置为白色时的效果

3. 设置为黑色时的效果

1.4 利用旋转工具校正画面角度

对于一些水平线歪斜的构图问题，我们可以利用Snapseed中的【旋转】工具进行调整，以使构图更加严谨。

Snapseed中的【旋转】工具非常智能，它可以分析画面自动校正角度，并且可以进行微调处理，另外，还可以对画面进行90°、180°、镜面调整等处理。

在拍摄水景画面时，通常都会有水平线，除了追求一些特殊效果外，我们尽量要保持水平线的水平。水平线歪斜会使画面构图显得不严谨，看起来很不协调

经过【旋转】工具对画面角度的调整，画面展现得协调、自然，构图给人更严谨的感觉

旋转

1. 将需要调整的照片导入Snapseed中，选择【旋转】工具

2. 进入选择工具菜单后，软件会对画面进行瞬间的分析

3. 并对画面角度进行非常智能的自动校准

4. 如果对软件自动校准的角度不满意，可以用手指再次进行调整

5. 用手指向左滑动或是向右滑动，以调整到满意效果

6. 效果满意后，点击右下角的【√】予以确认

利用Snapseed中的【旋转】工具，对画面进行镜像调整。

原片

镜像后的效果

【旋转】工具还可以对画面进行镜像调整，点击红框内的【对三角】工具即可

利用Snapseed中的【旋转】工具，对画面进行90°或180°的调整。

向右的【小箭头】

点击向右的【小箭头】，可以对画面进行90°或180°的调整

点击向右的【箭头】，画面一直向右旋转达到的效果

1.5 利用展开工具避免画面过于拥挤

在进行后期修图时，【展开】工具也是Snapseed软件中颇具特色的修图功能，在处理一些画面内容比较拥挤，留白区域预留不足的画面时，便可以利用【展开】工具扩展画面的空间区域。

需要注意的是，因为【展开】工具的操作属性原因，我们选择扩展的内容最好是画面的留白或是纯色的内容，这样，【展开】工具中的智能填色会让修改后的图片效果更完美，下面我们就介绍一下具体的操作内容。

原片，画面中的天空区域过少，导致画面显得有些拥挤

利用【展开】功能对画面中的天空进行扩展后，画面构图让人看起来更加舒适协调

展开

1. 将需要调整的照片导入Snapseed中，并选择【展开】工具

2. 进入【展开】工具中，可以看到有【智能填色】、【白色】、【黑色】这三种属性功能

白色

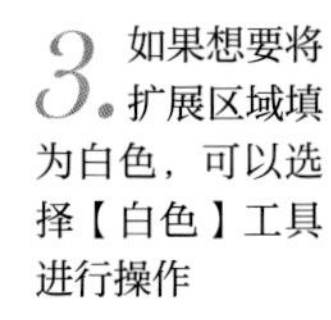

【白色】图标

3. 如果想要将扩展区域填为白色，可以选择【白色】工具进行操作

4. 向右下方拉伸，可以出现白色填充区域

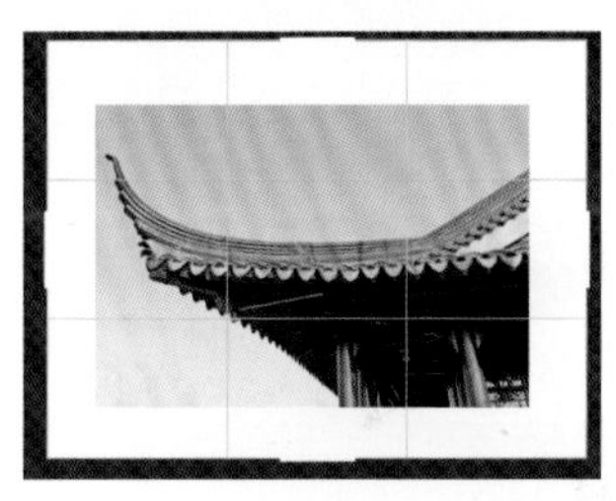

5. 向左上方拉伸，白色填充区域将画面包围

黑色

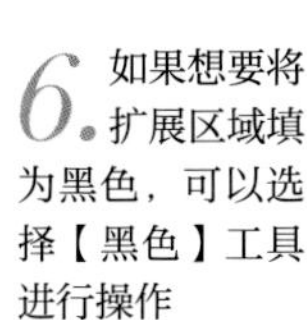

【黑色】图标

6. 如果想要将扩展区域填为黑色，可以选择【黑色】工具进行操作

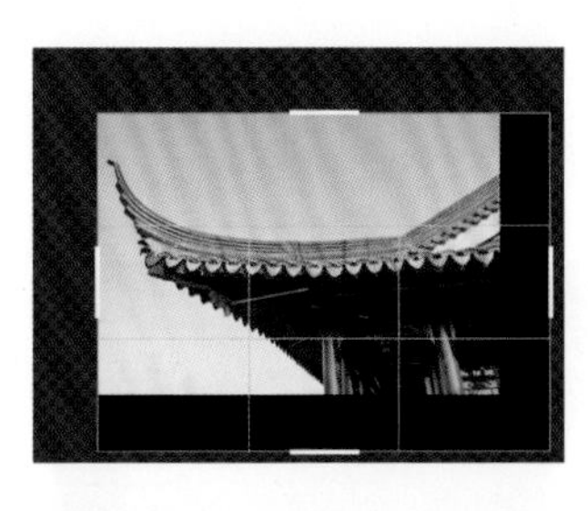

7. 向右下方拉伸，可以出现黑色填充区域

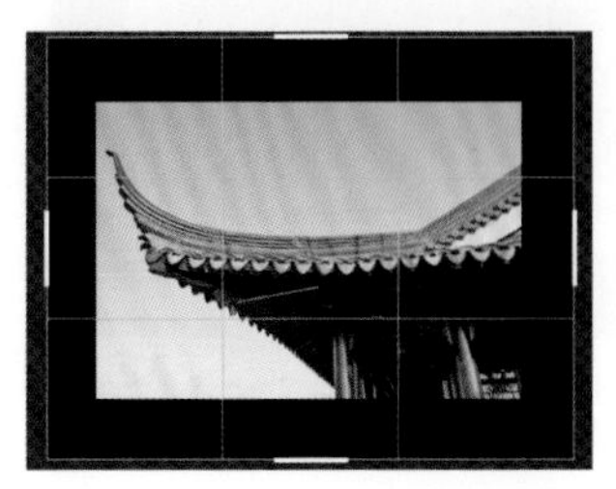

8. 向左上方拉伸，黑色填充区域将画面包围

利用【智能填色】对照片进行展开处理。

1. 根据需求，我们选择【智能填色】功能

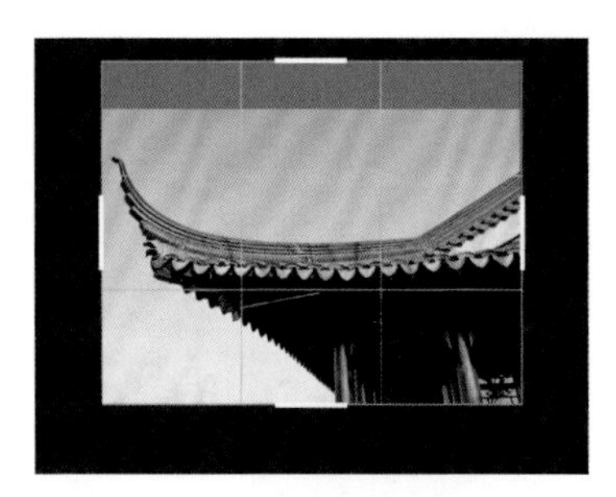

2. 用手指将范围线向上滑动

3. 软件会分析画面上方的元素，并做出智能的填色

4. 用手指向左边滑动范围线

5. 软件会分析左边画面中的元素，并做出智能的填色

在进行展开操作时，需要注意画面的选择，不是任何画面都适合使用展开工具。

选择元素比较复杂的画面进行展开操作

软件的智能填色会失去其优势，使扩展的画面错乱

第 2 章

利用Snapseed后期调色

随着Snapseed软件功能的不断更新，新版本的Snapseed又多了很多让人称赞叫绝的功能，比如【白平衡】工具以及【曲线】工具，它们可以对画面的色彩进行多种形式的调整，让手机后期制作显得更为专业，尤其是【曲线】工具，它的加入使很多摄影达人都放弃了在电脑上修图，而改为手机修图了，有了这个功能，手机上就可以完成专业的后期修图，下面为大家介绍一下这两种功能。

2.1 Snapseed中的白平衡工具

【白平衡】工具是Snapseed新增加的功能，在旧版本的Snapseed软件中，如果想修改画面白平衡，只能使用【调整图片】菜单中的【暖色调】工具进行调整。与【暖色调】工具相比，【白平衡】工具可以对画面进行更为细致的白平衡调整，并且在调整的形式上也有更多的选择，包括通过软件的智能自动调整，以及手动调整，可以让我们的照片在还原白平衡时更加准确，下面我们就介绍一下【白平衡】工具。

调整白平衡之前的效果

通过调整【白平衡】功能中【色温】、【着色】的数值，可以使画面色彩更迷人

2.1.1 手动调整白平衡

同Snapseed软件中的其他功能一样，【白平衡】工具也支持最基本的手动调节功能。

1. 将照片导入Snapseed软件中，选择【白平衡】工具菜单

2. 进入白平衡工具菜单中

调整图标

3. 用手指上下滑动屏幕调出调整工具栏，或者按下调整图标导出调整工具栏

4. 选择色温后，向右滑动，以增加色温值，让画面还原黄昏时的暖色调

5. 降低色温值，可以看到画面变成偏蓝色的冷色调

6. 增加色温值，可以看到画面变成偏黄色的暖色调

7. 调出调整工具栏，选择着色工具

8. 【着色】工具可以调整画面的色调，让画面色调趋向于绿色和品红色。向左滑动，画面色调趋向于绿色

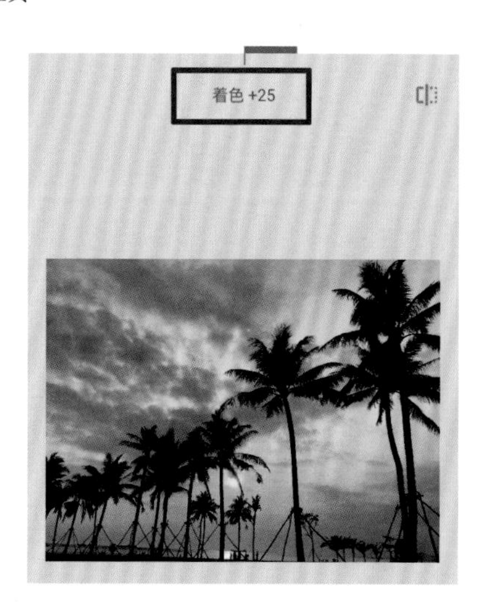

9. 向右滑动，画面色调趋向于品红色

2.1.2 自动白平衡

除了手动调整，Snapseed还可以对画面进行智能的自动白平衡调整，并且还原的准确度非常高。

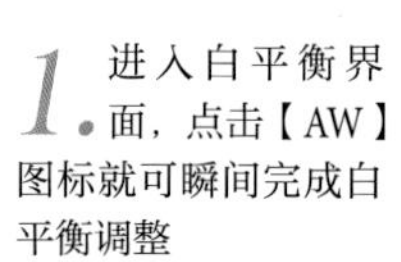

【AW】自动白平衡

1. 进入白平衡界面，点击【AW】图标就可瞬间完成白平衡调整

2. Snapseed分析画面后得出的色温及着色的数值

2.1.3 用白平衡吸管进行取样调整

在【白平衡】菜单中，还有一个非常实用的工具，就是【吸管】工具，它能够更加精细地校正画面白平衡。在具体操作上也比较简单，当我们按下【吸管】图标后，屏幕上会出现一个取样工具，将取样工具的中心放在画面某一位置时，它就会根据取样的信息作出白平衡调整。

1. 将照片导入白平衡菜单，之后按下【吸管】工具

【吸管】工具

2. 按下【吸管】工具后，画面会出现一个取样工具

3. 移动取样工具，软件会根据取样结果得到校正后的白平衡效果

4. 可以尝试不同色彩的位置，观察画面效果

5. 将取样工具移动到不同色彩区域，软件顶部会显示校正后的色温和着色的数值

校正白平衡前，色彩有些偏蓝

6. 对于校正风光题材的照片，我们可以将取样工具放在灰色的云彩位置，那样得到的白平衡效果会更真实

校正白平衡之后，色彩更显真实

Tips:

在使用【吸管】工具时，如果想要真实还原白平衡效果，我们需要将吸管的取样工具放在接近18度灰的地方，就像是专用于白平衡校正的灰卡一样，得到的效果会更加准确。

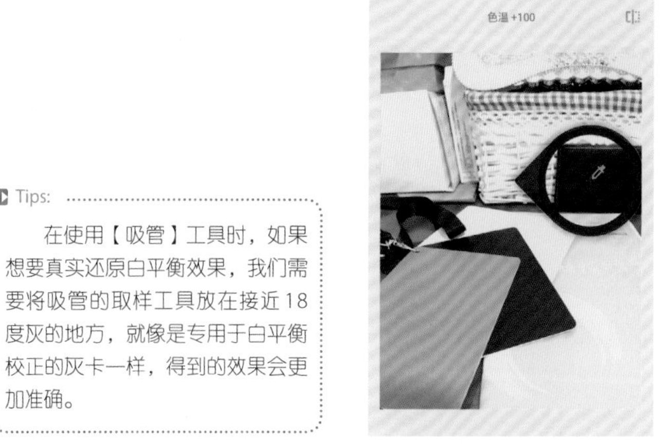

将取样工具放在蓝色区域，画面成黄色的暖色调

将取样工具放在白平衡灰卡上，色彩还原得非常真实

2.2 Snapseed中的曲线工具

在一些专业的图片编辑后期软件中，【曲线】工具都占有非常重要的位置，对于后期修图来说，曲线的功能非常强大，它不仅可以调整画面的亮暗程度，也可以调整亮暗区域在画面中的占比，同时也可以利用红、绿、蓝三种不同通道，组合出不同的滤镜效果，使画面的风格多种多样。在Snapseed软件中，曲线的应用也是如此，有时，我们甚至只用【曲线】工具，就可以完成很专业的修图，下面我们就为大家介绍一下【曲线】工具。

2.2.1 认识直方图

想要学会使用曲线工具，首先要了解直方图，直方图给人的感觉就像心电图一样，或者说像高低不平的山峰一样，我们可以利用“左黑右白”来分析直方图，直方图的横坐标代表亮度，从左到右依次为画面的暗部到亮部，而那些高低变幻的“山峰”其实是直方图的纵坐标，纵坐标的元素越多，代表所在亮暗区域的画面占比越多。

根据照片内容所显示的直方图

下面是将直方图分为暗调、中间调、亮调三个区域，并对应画面中的亮暗占比举例说明的直方图。

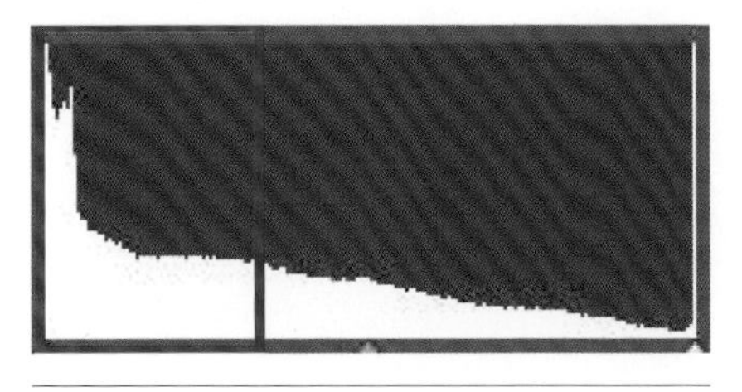

红线画出的区域为暗部区域，纵坐标的元素占比最多，所以这幅照片偏于暗色调

可以看到画面很多区域都被暗部区域占据

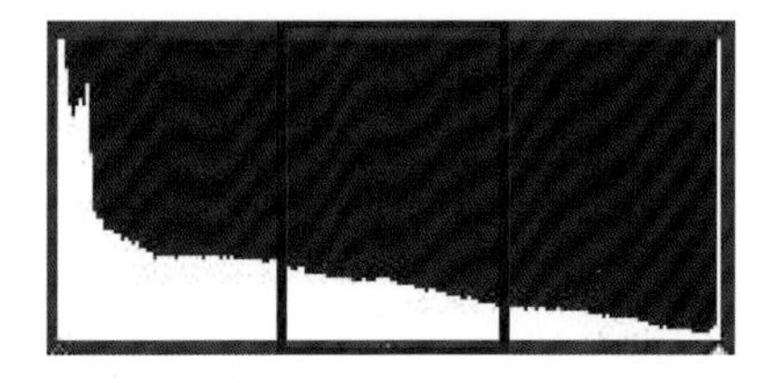

红线画出的区域为中间调区域，纵坐标的元素占比仅次于暗色区域

红线区域为画面的中间调

红线画出的区域为亮部区域，纵坐标的元素占比相对较少

画面少部分区域被亮部占据

在Snapseed软件中，不光只有在【曲线】工具中可以见到直方图，在【调整图片】工具中，也有对应的直方图显示。

调整图片

1. 选择【调整图片】工具

2. 进入【调整图片】界面，会看到左下角的一个【直方图】图标

3. 按下这个小图标

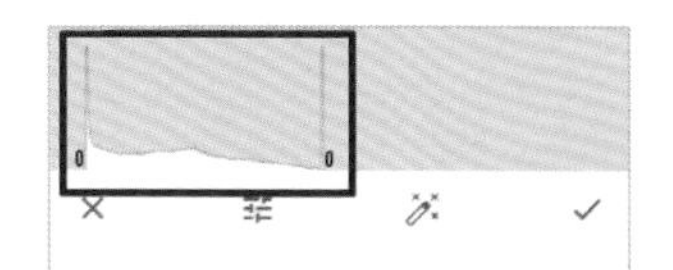

4. 会出现对应照片的直方图

5. 如果减少亮度，会看到直方图的暗部占比增多

6. 如果增加亮度，会看到直方图的亮部占比增多

2.2.2 认识曲线

【曲线】工具与其他的应用工具相比，要显得更为复杂一些，在操作上也会更灵活，想要更好地利用【曲线】工具进行修图，就要先认识曲线，了解曲线。

【曲线】功能之所以强大，是因为【曲线】不单单只是一条可以调整的曲线，它可以分为红、绿、蓝三种通道进行曲线调整，而调整的依据除了观察照片本身，还可以依据【曲线】工具中的【直方图】，下面我们来认识一下【曲线】。

曲线

1. 将照片导入Snapseed软件，并进入【曲线】工具菜单

2. 【曲线】工具界面所显示的曲线调整图

【通道】图标

3. 按下【通道】图标

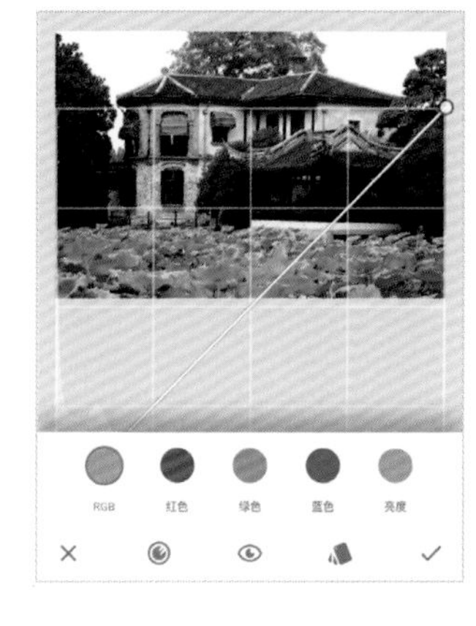

4. 按下【通道】图标，即可调出RGB通道

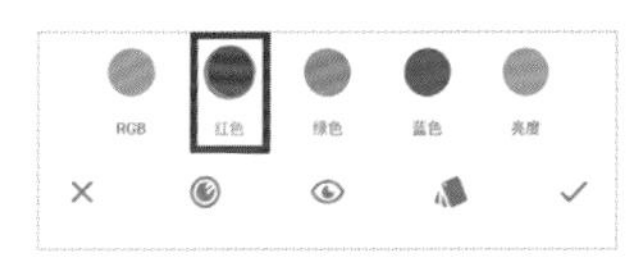

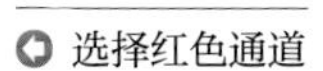

选择红色通道

5. 红色通道对应的曲线，以及对应的直方图

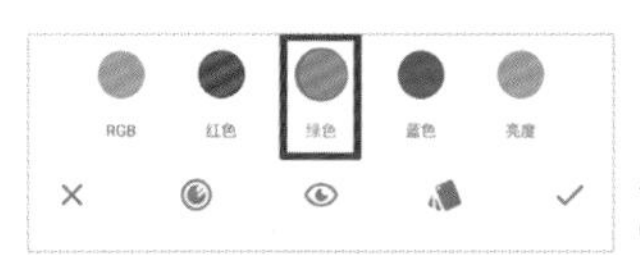

选择绿色通道

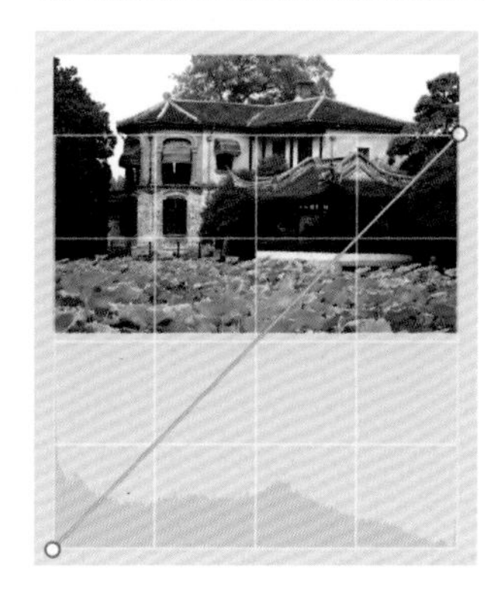

6. 绿色通道对应的曲线，以及对应的直方图

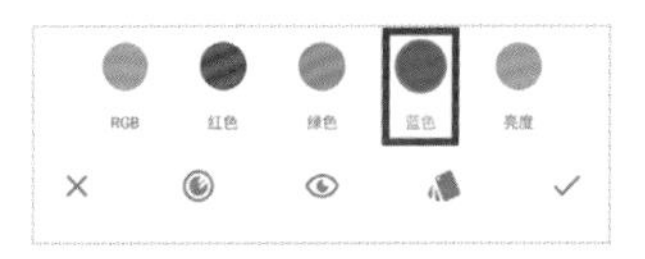

选择蓝色通道

7. 蓝色通道对应的曲线，以及对应的直方图

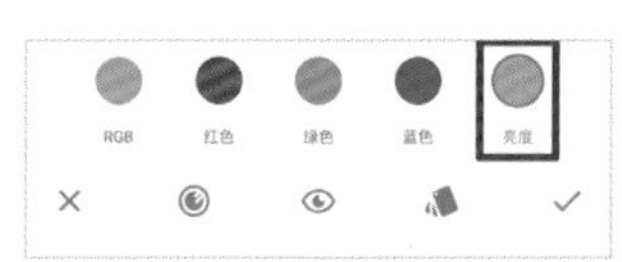

选择亮度通道

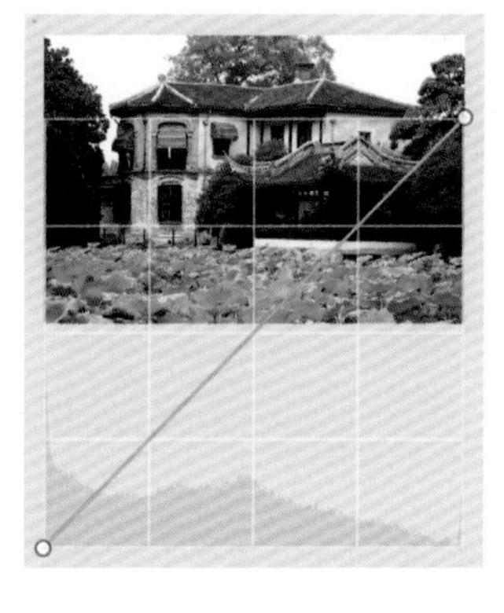

8. 亮度通道对应的曲线，以及对应的直方图

2.2.3 利用曲线进行修图

利用【曲线】工具进行修图，可以更为精细地调整画面色彩以及明暗反差，并为画面提供不同的风格效果，而这些效果则是由我们亲手调出来的，画面表现会更符合我们的内心所想。下面，我们就介绍一下如何利用曲线中的RGB、红、绿、蓝通道进行修图。

原图效果

通过【曲线】工具，可以调整出多种不同风格的照片效果，在操作上非常灵活实用，下面几张照片就是用【曲线】工具调整出的不同效果。

高明暗对比效果的画面

类似怀旧效果的色彩画面

类似胶片效果的色彩画面

类似褪色效果的色彩画面

下面是用【曲线】工具进行最简单的调整，调整RGB曲线

曲线

1. 将照片导入Snapseed中，并选择【曲线】工具

2. 进入【曲线】工具界面后，画面弹出曲线以及直方图

3. 观察画面以及直方图，可以看到画面暗部区域和亮部区域的占比情况

4. 可以先在曲线中间固定一个原点，再去调整亮部区域和暗部区域

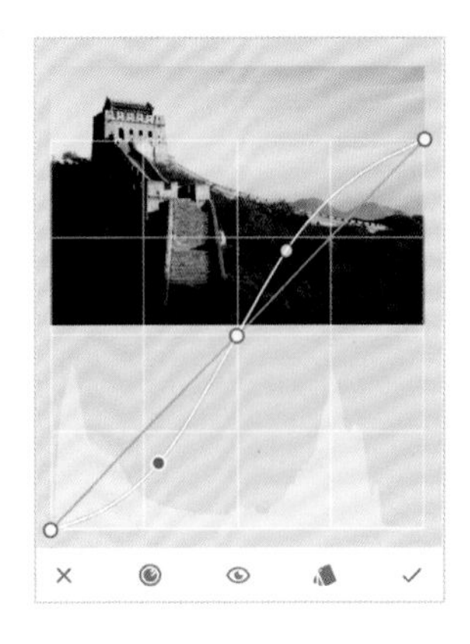

5. 调整RGB曲线，将横坐标右侧上方的曲线提高，让画面亮部区域更加明亮，并将横坐标左侧区域上的曲线拉低，降低暗部区域，画面的明暗对比更强烈

6. 如果不想增加这种明暗对比，也可以提高左侧区域上的曲线，将暗部区域提亮

下面是利用曲线中的红、绿、蓝通道进行调色的案例。

1. 调整红色曲线

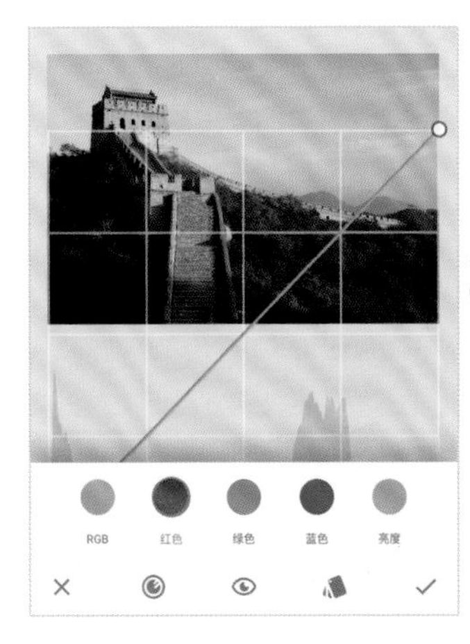

【通道】图标

1. 按下【通道】图标，进入曲线调整中

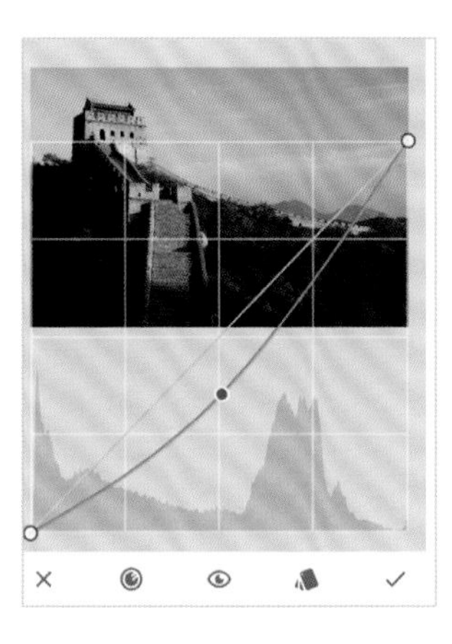

2. 拉低红色通道的曲线，画面偏蓝了，这是因为降低红色的部分亮度，蓝色部分就会在画面中显现出来

3. 为了避免画面全部偏蓝，可以将红色暗部区域的亮度提高，让画面色彩更自然

只调节红色曲线得到的画面效果

2. 调整绿色曲线

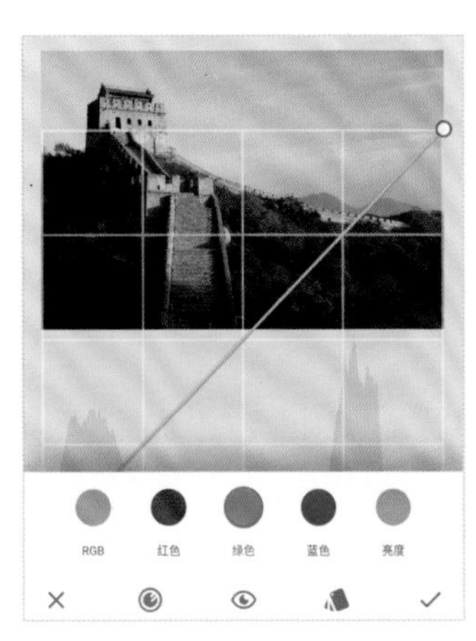

1. 按下【通道】图标，进入RGB调整中，选择【绿色】通道

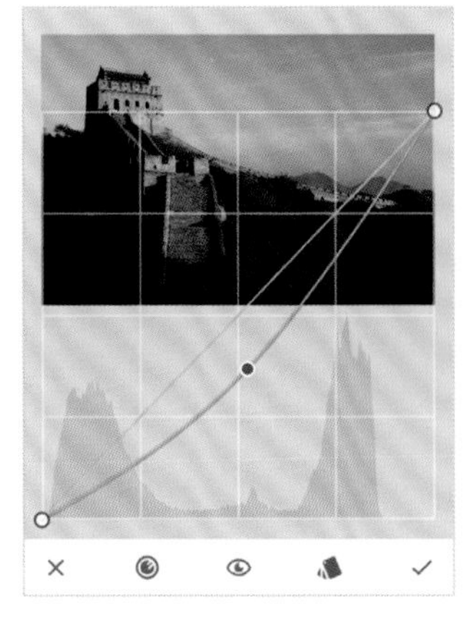

2. 拉低绿色通道的曲线，画面偏红了，高光区域也随之变红

3. 如果想让高光区域表现为绿色，可以提升高光区域的绿色曲线

调节绿色曲线得到的画面效果

调整蓝色曲线

1. 按下【通道】图标，进入RGB调整中，选择【蓝色】通道

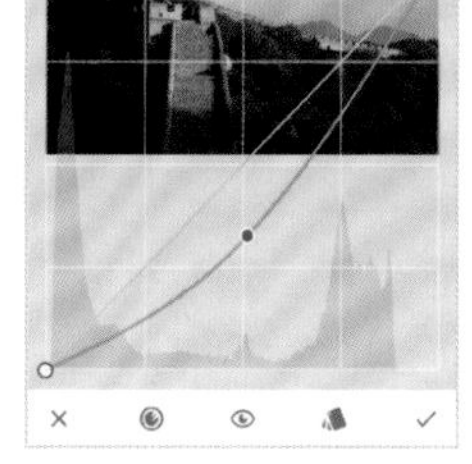

2. 蓝色通道曲线主要控制画面的冷暖，提高蓝色曲线画面就偏冷，降低蓝色曲线，画面就偏暖

3. 如果只想让高光区域形成蓝色调，可以在之前调整的基础上降低阴影区域的曲线

调节蓝色曲线得到的画面效果

结合所有通道曲线进行调整

1. 按下【通道】图标，进行通道组合调色

2. 根据画面中的色彩情况，依次调整红、绿、蓝通道曲线以及亮度曲线，可以变换出多种风格的画面效果

3. 可以配合RGB曲线进行调整

利用不同的通道曲线进行组合调整，可以调整出多种不同风格的画面

在Snapseed软件中，有多个曲线预设选择

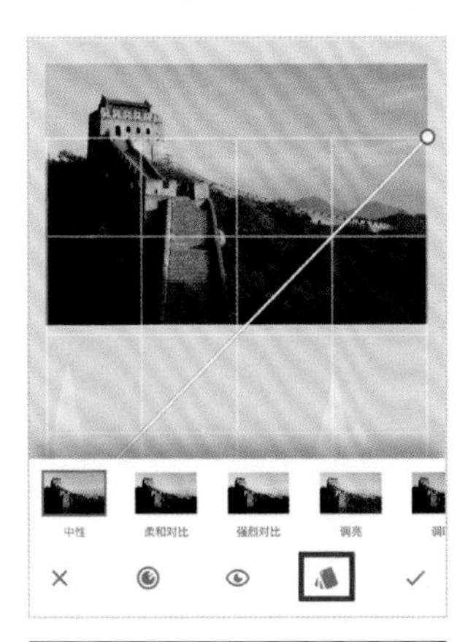

在【曲线】工具中，点击【预设】图标

【预设】图标

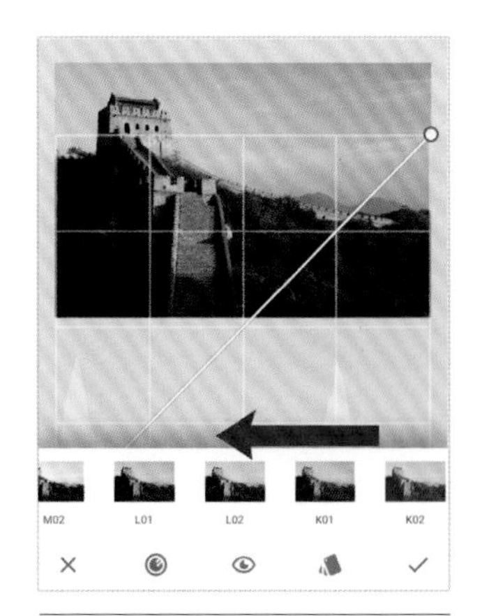

向左滑动屏幕，会有更多预设的曲线效果选择

可以选择预设的曲线效果

1. 为照片选择【强烈对比】效果的曲线预设

2. 为照片选择【褪色】效果的曲线预设

3. 为照片选择【D02】效果的曲线预设

4. 为照片选择【L02】效果的曲线预设

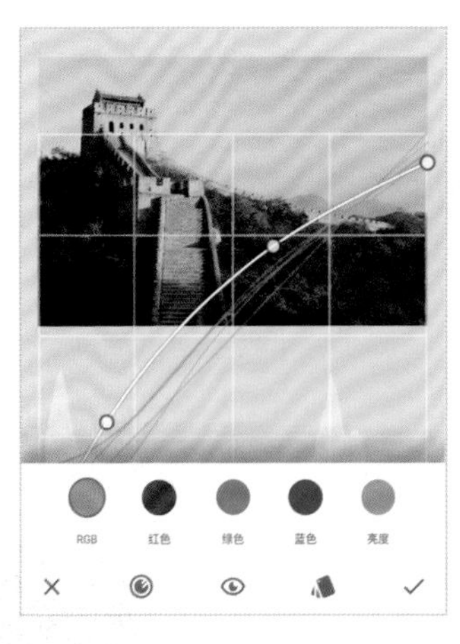

【通道】图标

5. 选择某一曲线预设后，可以按下【通道】图标

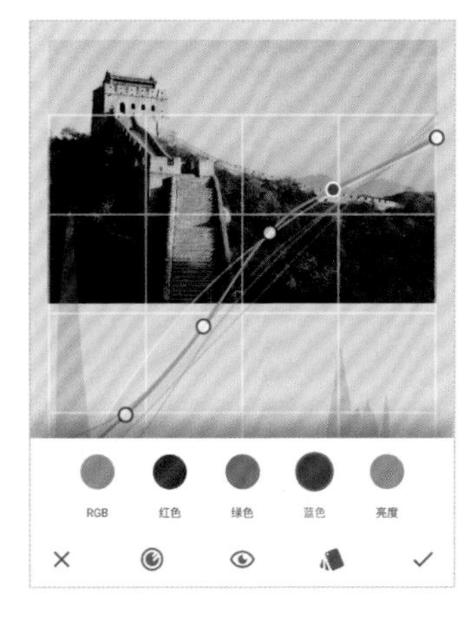

6. 按下【通道】图标后，可以对预设效果中的红、绿、蓝、亮度曲线进行调整

利用Snapseed对整体画面进行调整

想要对照片进行一些整体信息的调整时，可以使用Snapseed软件中的【调整图片】工具和【突出细节】工具做出相应操作，这两种工具，既可以满足对画面亮度、色彩等信息的处理，也可以对照片画质以及清晰度等信息进行处理，这两个工具也是这款软件中比较常用的修图工具。下面，我们就为大家详细介绍一下这些工具的使用方法。

3.1 Snapseed中的【调整图片】工具

Snapseed之所以是手机图片后期编辑软件中的佼佼者，就是因为其后期处理功能非常全面，比如在【调整图片】工具中，就包含了其他后期软件中的大部分功能，在【调整图片】工具中，我们可以调整照片的亮度、对比度、饱和度、氛围、高光、阴影、暖色调等，下面我们就介绍一下这些功能的使用。

1. 在Snapseed软件中的工具菜单里，找到【调整图片】工具

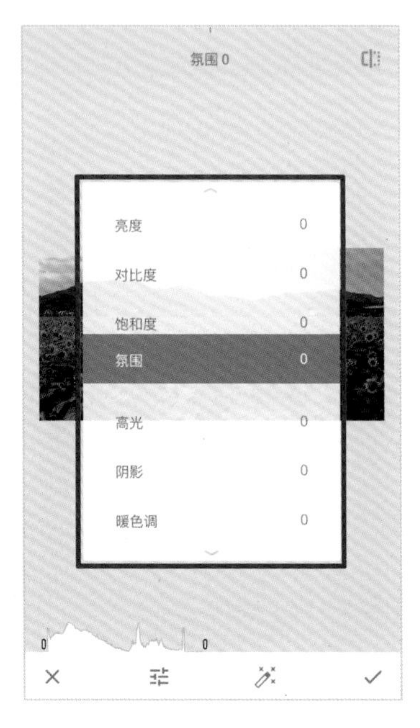

调整图标

2. 在【调整图片】工具中，用手指上下滑动屏幕，或者按下调整图标，可以导出【调整工具栏】，然后可以看到有亮度、对比度、饱和度、氛围、高光、阴影、暖色调的调整工具

3.1.1 对画面的亮度进行调整

在处理欠曝的照片时，亮度工具是非常实用的工具，调整后的效果非常明显。

原图中，未调整亮度时，画面整体曝光不足，显得很暗淡，照片不够美观

增加亮度之后，画面展现得更加亮丽、清晰，向日葵的色彩和形态也更吸引人

调整图片

1. 将需要调整的照片导入Snapseed软件中，点击【调整图片】工具

2. 将照片导入【调整图片】工具菜单中

3. 导出调整工具栏，然后选择【亮度】工具

4. 用手指向左滑动屏幕，亮度值减少，画面变得更暗

5. 用手指向右滑动屏幕，亮度值增加，这里我们将亮度值设置为+75，画面更显亮丽

3.1.2 对画面的对比度进行调整

调整画面的对比度，可以增加照片的质感和空间感，如果对比度很低，会使画面显得灰蒙蒙的，主体也不能得到很好表现。

在原图中，画面有些朦胧感，对比度不是很强烈

增加对比度之后，画面明暗对比更强烈，线条的魅力也显现出来

1. 将需要调整的照片导入Snapseed软件中，并进入【调整图片】菜单界面

2. 导出调整工具栏，然后选择【对比度】工具

3. 在对比度工具模式下，如果向左滑动屏幕，可以看到画面对比更加微弱，甚至有些朦胧感

4. 向右滑动屏幕，可以看到对比度得到增加，画面也更有质感，这里我们将对比度值设置为 +69

3.1.3 对画面的饱和度进行调整

饱和度会直接影响画面的色彩表现，如果画面的色彩很暗淡，我们可以通过增加饱和度值让色彩更浓郁。

原图中的郁金香，低饱和度让花儿失去吸引力

提高饱和度后，花儿色彩更显鲜艳，更招人喜欢

1. 将需要调整的照片导入Snapseed软件中，并进入【调整图片】工具菜单

2. 导出调整工具栏，然后选择【饱和度】工具

3. 根据需要调整饱和度值，如果用手指向左滑动，可以看到画面饱和度更显微弱

4. 用手指向右滑动屏幕，可以看到郁金香的饱和度得到增加，画面效果更加诱人

3.1.4 对画面的氛围进行调整

通过Snapseed中的【氛围】工具，可以改变画面的自然饱和度、亮暗细节等，使画面效果更完美。

原图中未调整氛围时的画面效果

增加氛围之后，画面的暗部细节以及色彩都得到了很好的表现

1. 将需要调整的照片导入Snapseed软件中，并进入【调整图片】工具菜单

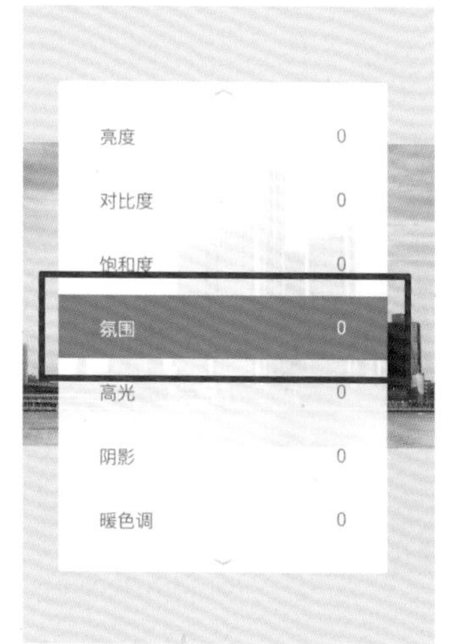

2. 导出调整工具栏，然后选择【氛围】工具

3. 根据画面需要调整氛围数值，如果用手指向左滑动屏幕，可以看到画面的色彩、光线等变淡了

4. 用手指向右滑动屏幕，增加氛围的数值，画面显得更加亮丽，色彩也更加鲜艳

3.1.5 对画面的高光进行调整

高光工具可以减弱画面的高光，将主体在高光区域中的细节呈现出来，也可以通过增加高光值，让高光区域变得更亮。

原图中未增加高光值的效果

增加高光之后，明暗对比更加强烈，花儿主体更显突出

1. 增加高光案例

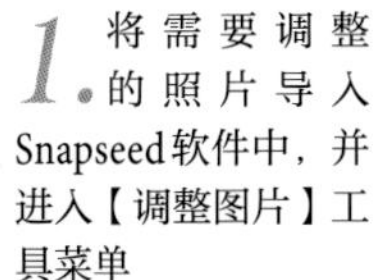

1. 将需要调整的照片导入Snapseed软件中，并进入【调整图片】工具菜单

2. 导出调整工具栏，然后选择【高光】工具

3. 在【高光】工具模式下，如果用手指向左滑动屏幕，画面高光区域的亮度减弱

4. 用手指向右滑动屏幕，高光区域的花卉更显明亮，这里我们将高光值设置为+60

2.减弱高光案例

原图中，未减弱高光时的画面，墙壁上的细节有所丢失

减弱高光之后，墙壁上的一些细节得以呈现

1. 将需要调整的照片导入Snapseed软件中，并进入【调整图片】工具菜单

2. 导出调整工具栏，然后选择【高光】工具

3. 如果用手指向右滑动屏幕，继续增加高光值，那么高光区域的细节丢失更加明显

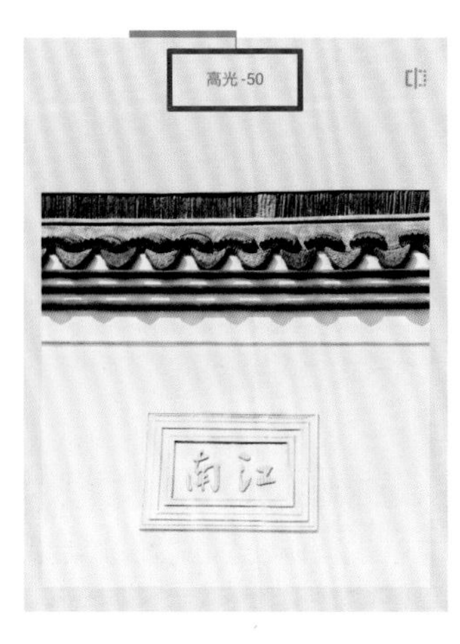

4. 用手指向左滑动屏幕，减少画面的高光值，可以让墙壁上的细节得以呈现

3.1.6 对画面的阴影进行调整

阴影工具可以提升阴影区域的亮度，这样阴影中的细节内容就可以表现出来，而想要增加画面的一些立体感或是希望得到剪影效果时，可通过降低阴影值来实现。

1. 增加阴影数值案例

原图中，未增加阴影值的画面，阴影中的细节不能得到体现

增加阴影值之后，阴影区域的细节得以呈现

1. 将需要调整的照片导入Snapseed软件中，并进入【调整图片】工具菜单

2. 导出调整工具栏，然后选择【阴影】工具

3. 如果用手指向左滑动屏幕，阴影会更加明显

4. 用手指向右滑动屏幕，增加阴影值，阴影区域的细节得以呈现

2.减弱阴影数值案例

原图中，阴影区域并不明显，画面没有产生明显的明暗对比效果

让阴影表现得更加明显之后，画面中的局部光效果得以呈现，明暗对比更强烈

1.将需要调整的照片导入Snapseed软件中，并进入【调整图片】工具菜单

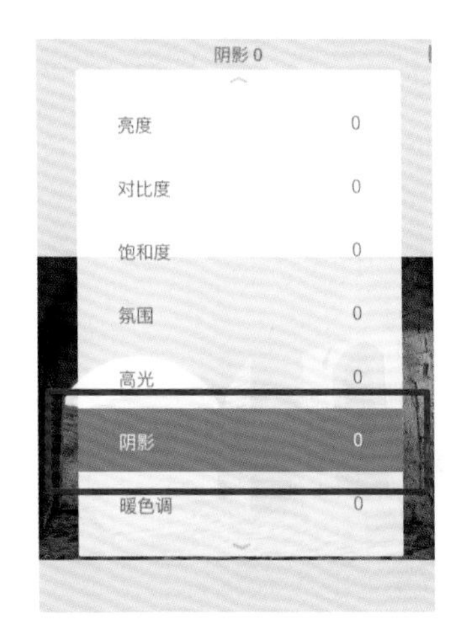

2.导出调整工具栏，然后选择【阴影】工具

3.如果用手指向右滑动屏幕增加阴影值，明暗对比效果更不明显

4.用手指向左滑动屏幕，将阴影值设置为-55，让阴影区域更明显，明暗对比效果更强烈

3.1.7 对画面的暖色调进行调整

在【暖色调】工具中，如果增加暖色调数值，可以使画面色彩更倾向于暖色调，减少暖色调数值，也可以得到冷色调的画面，这需要根据画面情况以及我们的想法来选择。

1.增加暖色调的案例

调整暖色调之前，画面效果不是很突出

增加暖色调后，可以给人一种温暖热烈的画面感受

1. 将需要调整的照片导入Snapseed软件中，并进入【调整图片】工具菜单

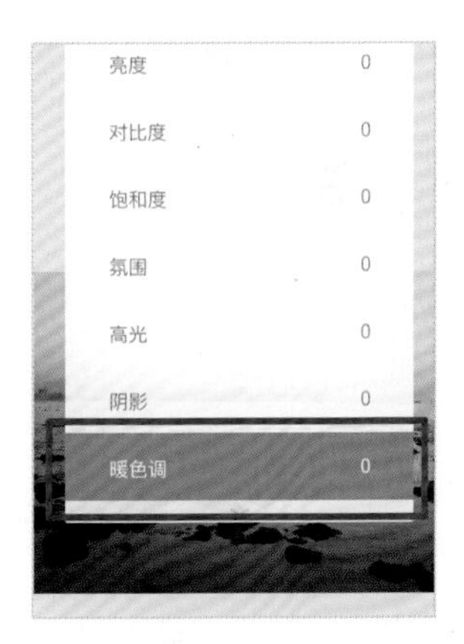

2. 导出调整工具栏，然后选择【暖色调】工具

3. 根据画面需要调整暖色调值，如果用手指向左滑动屏幕，暖色调数值减少，画面倾向于冷色调，效果不是很好

4. 用手指向右滑动屏幕后，暖色调数值得到增加，画面倾向于暖色调，这里我们将暖色调值设置为+80

2. 减少暖色调的案例

没有调整暖色调的画面，效果很平淡

减少画面暖色调值，让其倾向于冷色调，使画面效果更吸引人

1. 将需要调整的照片导入Snapseed软件中，并进入【调整图片】工具菜单

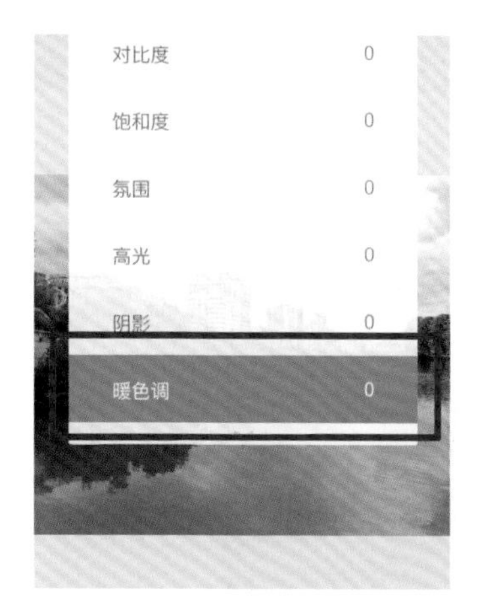

2. 导出调整工具栏，然后选择【暖色调】工具

3. 如果用手指向右滑动屏幕，增加暖色调的数值，画面效果表现得不是很好

4. 用手指向左滑动屏幕，减少暖色调值，让画面倾向于冷色调，这里我们将暖色调值设置为 -58

3.2 Snapseed中的突出细节工具

在使用Snapseed软件进行图片后期处理时，如果想让主体的轮廓信息更加突出，或是想要快速聚焦模糊边缘，让画面的清晰度得以提升，我们可以使用Snapseed软件中的【突出细节】工具来实现。

在【突出细节】工具中，有结构和锐化两种调整工具，它们虽然调整的画面信息不同，但其目的都是在提升画面的清晰度和质感，让画面细节得以突出，下面我们就介绍一下Snapseed软件中的【突出细节】工具。

在Snapseed的工具菜单里，找到【突出细节】工具

调整图标

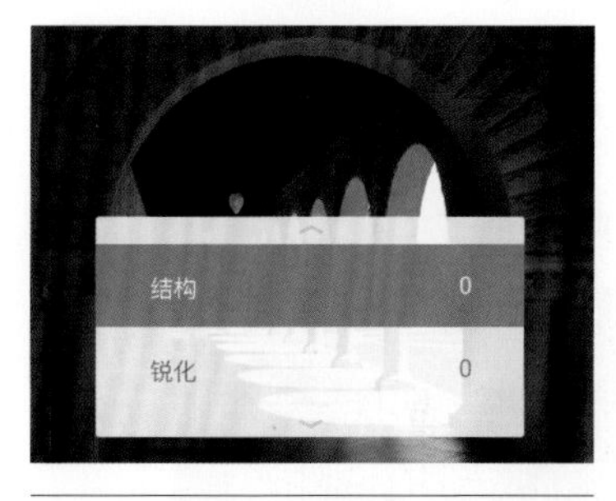

在【突出细节】工具菜单中，用手指上下滑动屏幕，或者按下调整图标，可以导出【调整工具栏】，在调整工具栏中，可以看到有【结构】和【锐化】两种调整工具

调整画面结构信息

使用【结构】工具，可以让物体的边缘更显清晰，让主体的轮廓细节得到突出

没有调整画面结构信息时，画面显得有些模糊，茶杯等物品的轮廓表现得也不是很好

增加画面的结构数值后，茶杯等物品的结构细节得到很好的表现

1. 在【突出细节】工具菜单中，找到【结构】工具

2. 用手指向左滑动屏幕，结构数值减小，茶杯等物品显得很模糊，并不是我们需要的效果

3. 用手指向右滑动屏幕，增加结构数值，可以看到茶杯等物品的轮廓更清晰，主体得到突出表现

调整画面锐化信息

没有对画面进行锐化处理时，画面有一种模糊的感觉，主体花卉表现得不是很清晰

1. 在【突出细节】工具菜单中，找到【锐化】工具

增加画面的锐度后，主体花卉显得更加清晰，画面也显得更有立体感

2. 在【锐化】工具中，软件未提供减少锐化的功能，根据需要，我们将锐化数值设置为+70

第 4 章

利用Snapseed调整局部画面

随着使用手机摄影的群体越来越壮大，手机图片后期编辑软件也越来越丰富，不过大多手机后期软件只能针对照片整体进行调节，如果我们想要精益求精，对照片的局部进行详细调整，这些软件就会显得有些力不从心了。此时，我们可以使用Snapseed中的【局部工具】和【画笔工具】，这两个工具可以对照片的局部细节进行亮度、饱和度、对比度、色温、加光减光等调整，并且操作起来也很方便快捷。

4.1 Snapseed中的【局部】工具

Snapseed软件中的【局部】工具可以满足我们对画面细节的处理，在【局部】工具中，只要我们通过手指选择好需要调整的区域，便可以轻松自如地对该区域进行亮度、对比度、饱和度以及结构的调整，可以使图片后期调节更加精准化，让画面效果更理想。

1. 将需要调整的照片导入Snapseed软件中，并选择【局部】工具

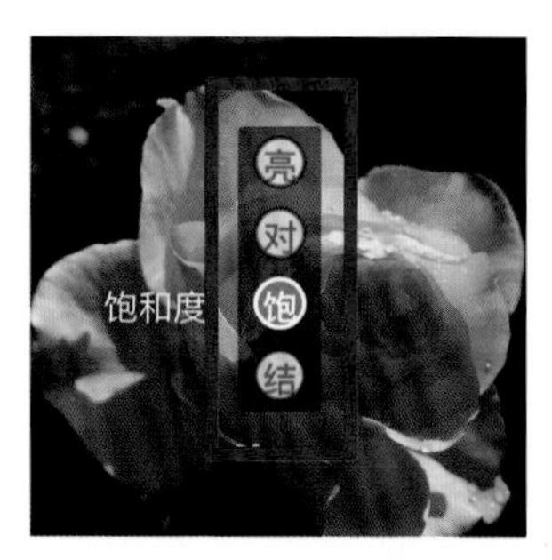

2. 选择一个局部区域，然后用手指向上或向下滑动屏幕，可以对该区域进行亮度、对比度、饱和度以及结构的调整

4.1.1 局部亮度功能

如果想要提高或者降低画面的局部亮度，可以使用此功能。

原图中，主体的亮度有些暗淡，不能得到突出体现

通过对只占画面局部区域的蘑菇进行亮度调整，使主体得到突出体现

局部

1. 将需要调整的照片导入Snapseed软件中，点击【局部】工具

2. 进入【局部】工具菜单

3. 为了更加精准地进行调整，可以将照片进行放大

4. 通过挪动左下方的导航条，可以移动画面的位置

5. 用手指点击需要调整的区域，将调整点放在相应的位置上

6. 用双指在屏幕上收缩滑动，即可确定要调整的区域大小

7. 用双指收缩画面，将选区调整到适当的范围

8. 用手指按住调整点并适当移动，可以显示出主体的局部细节

9. 根据需要增加区域亮度，用手指向右滑动屏幕，可增加区域亮度

将局部亮度值设置为 -59 的效果

将局部亮度值设置为 +68 的效果

点亮加号图标后，可以设置新的调整点

10. 根据实际需要可以再建立一个新的调整区域

11. 同第一个调整区域一样，用双指在屏幕上收缩，调整好选区

12. 根据需要，用手指向右滑动屏幕，适当增加区域亮度

小眼睛图标

13. 点击右下角的【小眼睛】，可以将调整点隐藏，以便我们更好地观察调整情况

14. 如果效果满意，点击右下角的【√】图标，可退出局部调整菜单

15. 如无需其他调整，点击【导出】，然后保存照片

4.1.2 局部对比度功能

如果想要对主体的局部区域进行对比度的调整，可以使用此功能。

原图中，画面的对比度很低，水珠没有得到很好的表现

对水珠区域进行对比度调整后，水珠显得更晶莹剔透

1. 将照片导入 Snapseed 软件，并进入【局部】菜单界面

2. 用手指点击需要调整的区域，将调整点放在相应的位置上

3. 用手指向上滑动屏幕，将光标选择在【对比度】上

4. 用双指在屏幕上收缩滑动，即可确定要调整的区域大小

5. 用双指收缩画面，将选区调整到适当范围

6. 用手指按住调整点并适当移动，可以显示出主体的局部细节

适当减弱对比度的效果

适当增强对比度的效果

点击此图标，可查看调整前与调整后的效果

7. 根据需要增加对比度值，这里我们将对比度值设置为+85

8. 调整完成后，可以点击右上角的图标，查看修改前与修改后的效果

9. 如果效果满意，点击右下角的【√】图标，可退出局部调整菜单，之后保存照片即可

4.1.3 局部饱和度功能

当我们想要调整局部区域的饱和度时，可以使用此功能。

原图中，花卉色彩显得有些平淡

对画面中的花卉区域进行局部饱和度调整，让花儿色彩更艳丽，效果更迷人

1. 将照片导入Snapseed软件中，并进入【局部】菜单界面

2. 为了更加精准地进行调整，将照片进行放大处理

3. 用手指点击需要调整的区域，将调整点放在相应的位置上

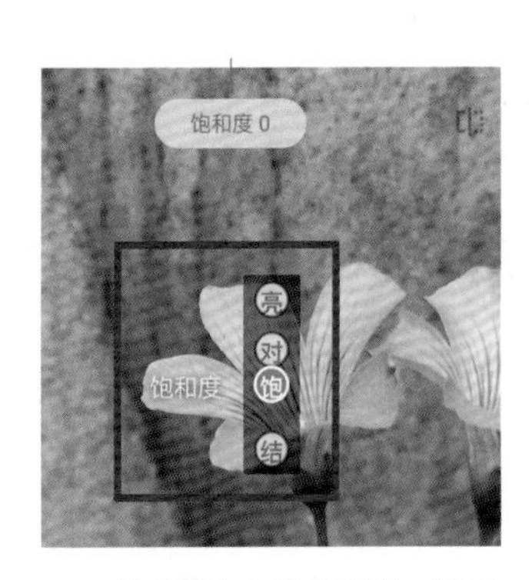

4. 用手指向上滑动屏幕，将光标选择在【饱和度】上

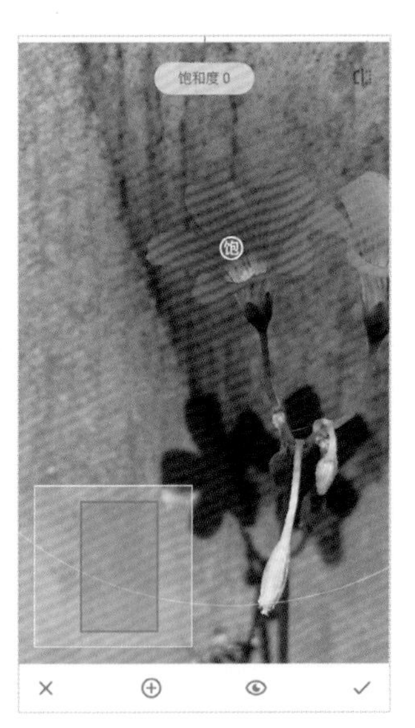

5. 用双指在屏幕上收缩滑动，即可确定要调整的区域大小

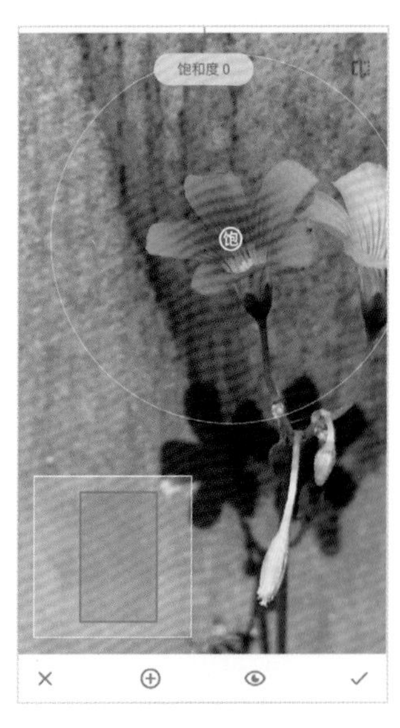

6. 用双指收缩画面，将选区调整到适当的范围

7. 根据画面情况增加饱和度值，这里我们将饱和度值设置为+100

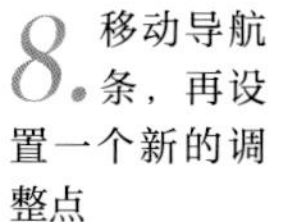

点亮加号图标后，可以设置新的调整点

8. 移动导航条，再设置一个新的调整点

9. 用手指向上滑动屏幕，将新建的选区选择为【饱和度】

10. 用双指收缩画面，将新建的选区调整到适当的范围

11. 根据画面情况增加饱和度值，这里我们将饱和度设置为+93

点灭【小眼睛】图标

12. 点击右下角的【小眼睛】，可以将调整点隐藏，以便我们更好地观察调整情况，效果满意后便可保存照片

4.1.4 局部结构功能

如果我们想增加某一事物的结构信息，让事物的轮廓和形态得到突出体现，可以使用此功能。

原图中，受对焦位置等因素的影响，前景的岩石显得灰蒙蒙的，缺乏立体感

对只占画面局部区域的岩石进行结构调整后，岩石的轮廓、结构信息得到清晰呈现，更有立体画面感

1. 将照片导入Snapseed软件中，并进入【局部】菜单界面

2. 用手指点击需要调整的区域，将调整点放在相应的位置上

3. 用手指向上滑动屏幕，将光标选择在【结构】上

4. 用双指在屏幕上收缩滑动，即可确定要调整的区域大小

5. 用双指收缩画面，将选区调整到适当的范围

6. 用手指向右滑动屏幕，增加结构效果，这里我们将结构值设置为+100

点亮【加号】图标后，可以设置新的调整点

7. 点亮【加号】图标

8. 选择合适的位置，设置新的调整点

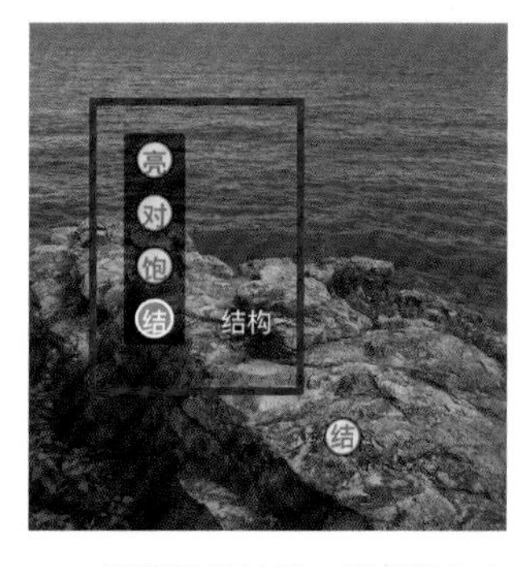

9. 调整好区域后，用手指向上滑动屏幕，将光标选择在【结构】上

10. 用双指收缩画面，将选区调整到适当的范围

11. 用手指向右滑动屏幕，根据需要增加结构的数值，这里我们同样将结构值设置为 +100

12. 点击右下角的【小眼睛】，可以将调整点隐藏，以便我们更好地观察调整情况，效果满意后保存照片

4.2 Snapseed中的画笔工具

如果我们想要对画面的曝光以及色彩信息进行非常细致的调整，那么Snapseed软件中的【画笔】工具便是非常好的选择，Snapseed软件之所以强大，就是因为它具备一些只有电脑上的专业软件才会有的功能，【画笔】工具就是其中之一，在后期修图时，我们可以利用【画笔】工具对画面局部进行加光减光、曝光、色温、饱和度的调整，操作起来非常方便。

1.将需要调整的照片导入Snapseed软件中，并进入【画笔】工具菜单

2.在【画笔】工具菜单中，可以看到有加光减光、曝光、色温、饱和度调整功能

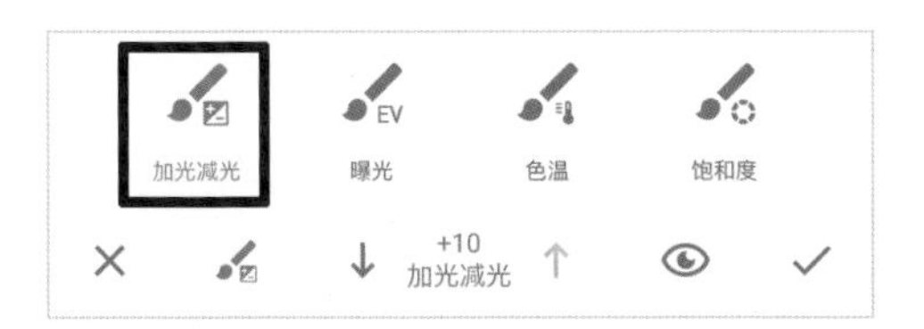

在加光减光功能中，可以调整4个预设值，依次为+10、+5、-5、-10

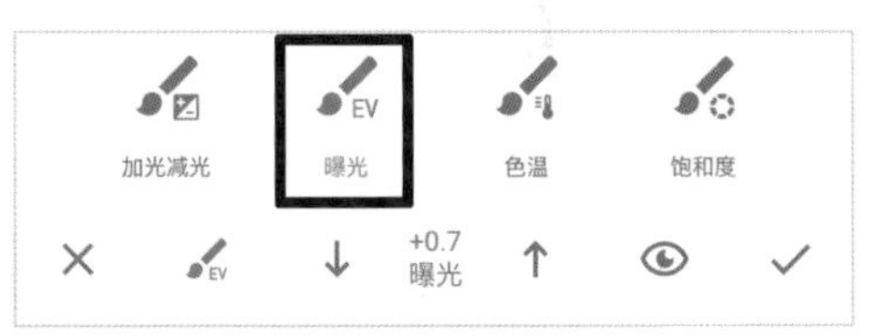

在曝光功能中，可以调整6个预设值，依次为+1.0、+0.7、+0.3、-0.3、-0.7、-1.0

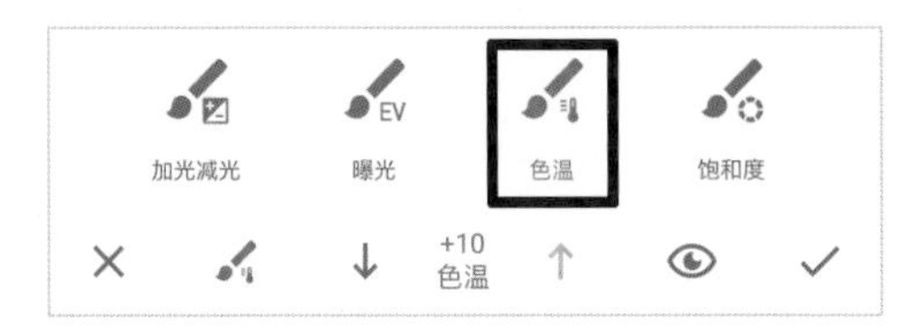

在色温功能中，可以调整4个预设值，依次为+10、+5、-5、-10

在饱和度功能中，可以调整4个预设值，依次为+10、+5、-5、-10

4.2.1 加光减光功能

在图片后期处理中，如果想对画面的局部细节进行加光或是减光的处理，可以使用此功能。

处理前的画面，前景区域显得很黑，需要做加光调整

对画面局部进行加光处理后，前景景物得到清晰表现，画面也显得更大气

画笔

1. 将需要调整的照片导入Snapseed软件，并选择【画笔】工具

将数值设置为+10

2. 进入【画笔】工具菜单中

3. 选择【加光减光】功能，并根据需要将数值设置为+10

点亮【小眼睛】图标

将数值设置为+5

4. 点亮【小眼睛】图标，这样我们用手指在画面上涂抹时，可以看到涂抹的区域

5. 中间区域与两边相比，并没有那么黑暗，所以将加光值设置为+5就可以了

按住此图标，可查看调整前的效果

6. 将之前留下的中间位置涂抹均匀

7. 将中景区域的景物也适当进行涂抹，增加其亮度

8. 点灭【小眼睛】图标，并点击右上角的图标，查看修改前与修改后的效果，此截屏效果为修改前的效果

松开此图标，显示为修改后效果

9. 此截屏效果为修改后的效果

10. 效果满意，点击右下角的【√】图标，可退出画笔调整菜单

11. 如无需其他调整，点击【导出】，保存照片

4.2.2 曝光功能与饱和度功能

下面我们介绍的是画笔工具中的曝光功能与饱和度功能。通常，在提高景物的曝光度以后，景物便可以清晰呈现，但其色彩会显得有些平淡，此时还需要提高景物的饱和度。

原图中，逆光环境使景物曝光不足，失去景物真实的魅力

对景物进行曝光和饱和度的调整，画面显得更加亮丽

1. 将需要调整的照片导入Snapseed软件，并进入【画笔】工具菜单

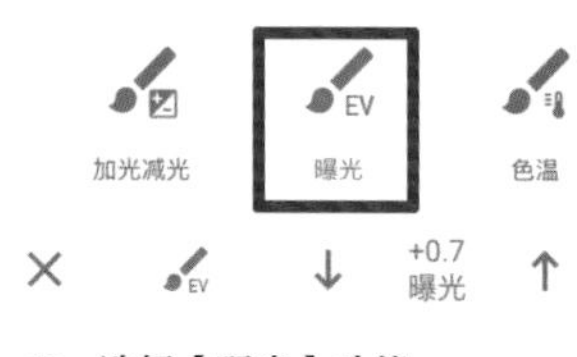

2. 选择【曝光】功能

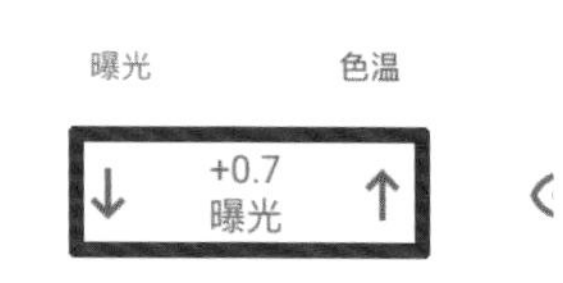

3. 根据需要选择曝光值，这里我们选择+0.7

4. 为了更加精准地进行调整，将照片进行放大预览

小眼睛图标

5. 点亮【小眼睛】图标，以便更好地涂抹

6. 将需要调整的地方进行涂抹

7. 通过挪动左下方的导航条，可以移动画面的位置

8. 挪动导航条，继续涂抹

9. 画面中的凉亭涂抹完成

10. 将凉亭下的岩石与绿植也进行涂抹

11. 在涂抹过程中，难免会出现涂抹错误的情况

12. 设置【橡皮擦】工具

+0.7
曝光

点击向下箭头，即可找到【橡皮擦】工具

【橡皮擦】工具

13. 用【橡皮擦】工具，擦拭涂抹错误的区域即可

14. 涂抹错误区域被擦干净

15. 点灭【小眼睛】图标，查看提高曝光后的效果

可以看到，提高曝光度之后，景物亮度提高了，但色彩显得很平淡

16. 点击【画笔】菜单图标

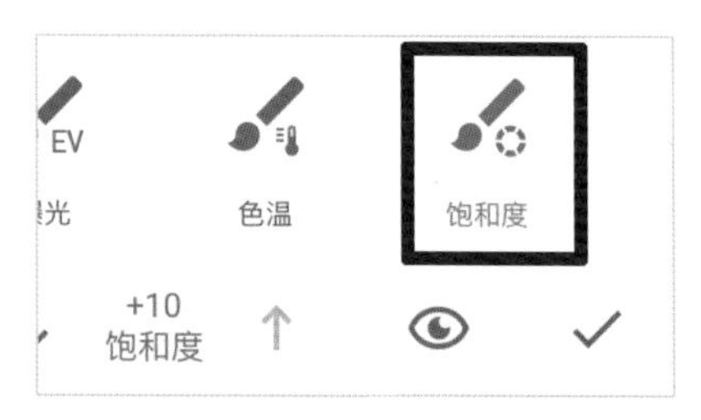

17. 找到【饱和度】

18. 点亮【小眼睛】图标，然后对景物进行涂抹，以提高景物饱和度

19. 将照片进行放大预览

20. 继续对主体进行涂抹

21. 将主体景物全部涂抹完成

22. 点灭【小眼睛】图标，查看提高饱和度的效果

23. 效果满意后，即可保存照片

4.2.3 色温功能

如果想对画面的局部白平衡进行调整，可以使用此功能。

未处理前的画面，草地色彩有些泛黄

通过改变草地的色温，让草地与蓝色的色彩更显协调，画面更有气氛

1. 将需要调整的照片导入Snapseed软件，并进入【画笔】菜单界面

❶ 点亮【小眼睛】图标

2. 选择【色温】功能

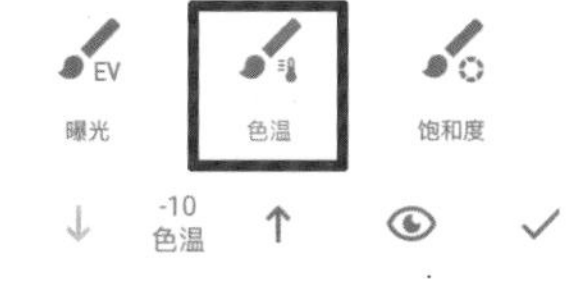

3. 根据需要选择色温值，这里我们设置为 -10

4. 点亮【小眼睛】图标，之后对需要处理的区域进行涂抹

5. 对草地进行涂抹

6. 将草地涂抹均匀

7. 点灭【小眼睛】图标，观察涂抹后的效果，草地色彩偏蓝，但远山的色彩也需要适当调整

点亮【小眼睛】图标

-5
色温

8. 根据需要，将色温值设置为 -5

9. 点击向上箭头，将色温设置为 -5

10. 点亮【小眼睛】图标，继续对远山进行涂抹

11. 放大画面对远山进行涂抹

12. 全部涂抹完成后，返回正常预览大小

13. 点灭【小眼睛】图标，预览色温调整后的效果，满意后保存照片

Snapseed软件中好玩有趣的特色功能

除了那些基本的调整功能外，Snapseed软件还有很多既好玩又实用的特色功能，比如【双重曝光】工具，它是Snapseed软件中新加入的功能，我们可以将两张照片放在一起形成双重曝光的画面，而且还有很多叠加效果的选择，另外，还有经典的【镜头模糊】工具、【晕影】工具、【修复】工具，每个工具都有各自独特的功能，可以帮助画面实现明暗对比、浅景深等效果，下面我们来介绍一下这些功能的操作方法。

5.1 利用【晕影】工具打造暗角和明暗对比效果

在Snapseed软件中，【晕影】工具主要负责调整选区内外的亮暗，但就是这种调整，可以为画面添加暗角效果以及明暗对比效果，具体如何操作呢？下面我们为大家进行详细介绍。

5.1.1 利用【晕影】工具为画面添加暗角

调整前的画面效果

为画面添加暗角后，古建筑显得更为神秘，画面也更有气氛

晕影

1. 将照片导入Snapseed软件中，选择【晕影】工具菜单

2. 进入【晕影】界面后，画面中心会有一个蓝色圆点，用两个手指滑动屏幕，即可调出圆形的选区

调整图标

3. 用手指上下滑动屏幕调出【调整工具栏】，或者按下调整图标导出【调整工具栏】

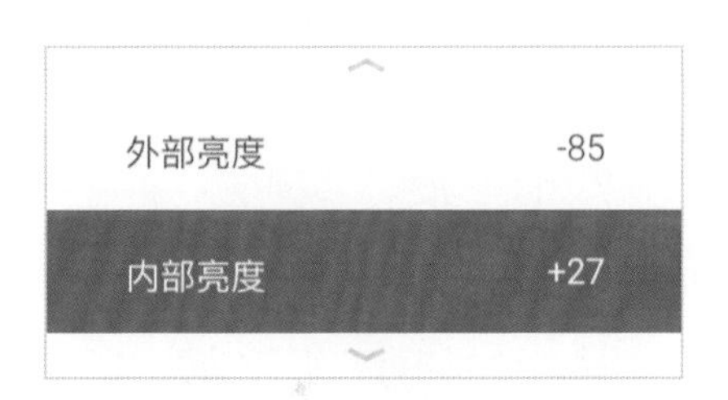

4. 分别调整【外部亮度】和【内部亮度】

5. 调整期间，也可以挪动蓝色圆点，变换调整区域

6. 将【外部亮度】和【内部亮度】调整合适后，添加暗角完成

5.1.2 利用【晕影】工具制造出明暗对比效果

原图中虽然有阴影区域，但明暗对比效果不明显

用【晕影】工具调出的明暗对比效果，亮暗反差很大，画面立体感很强

晕影

1. 将照片导入【晕影】工具中

2. 用手指滑动屏幕，调整选区范围

3. 调出【调整工具栏】，将选区外的亮度尽可能降低

4. 根据画面情况，这里我们将外部亮度设置为 -83

5. 外部亮度调整好之后，可以对选区内部亮度做一些微调

6. 最后查看修改后的效果，满意后即可保存照片

5.2 镜头模糊工具控制画面景深范围

使用手机进行摄影创作，在控制景深方面要比专业的数码相机逊色很多，虽然现在的手机光圈大部分都在2.0甚至更大，但想要追求浅景深的效果，除了通过靠近主体拍摄来达到虚化背景的目的，还可以利用Snapseed软件中的【镜头模糊】工具，对照片进行后期处理，以得到虚化效果。在实际操作时，要注意【镜头模糊】工具不在Snapseed软件的【工具】菜单中，而是要在【滤镜】菜单中才能够找到。

原图画面的背景有些杂乱

利用Snapseed对画面进行虚化处理后，杂乱的背景对画面的影响减弱

镜头模糊

1. 将照片导入Snapseed软件中，选择【镜头模糊】工具

2. 进入【镜头模糊】工具菜单中，会弹出一个圆形的模糊范围

3. 选择圆形虚化范围，并调整好大小

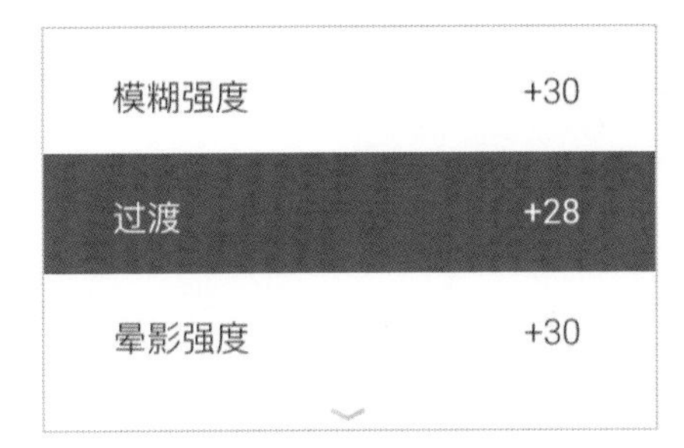

4. 调出【调整工具栏】，选择【过渡】

5. 用手左右滑动屏幕，改变过渡范围的大小，过渡值越大，外部圆圈与内部圆圈之间的过渡区域就越大

模糊强度	+30
过渡	+50
晕影强度	+30

6. 调出【调整工具栏】，选择【模糊强度】

7. 用手指向右滑动屏幕，增加模糊强度，可以看到背景成虚化状态

8. 调出【调整工具栏】，选择【晕影强度】

9. 适当调整晕影强度

10. 点击一下屏幕，可隐藏虚化范围线，方便查看调整后的效果

11. 效果满意后保存照片

5.3 利用【镜头模糊】工具打造移轴镜头效果

在单反相机中，用移轴镜头拍摄的效果，就像是微缩模型一样，非常有趣。而手机还没有移轴镜头这种附件，如果想要得到这种微缩景观的移轴效果，可以利用Snapseed软件中的【镜头模糊】工具，得到想要的效果，具体如何操作？让我们来了解一下。

原图中正常的效果

利用【镜头模糊】工具进行后期处理后，原本真实的场景呈现出微缩景观一样的效果

镜头模糊

1. 将照片导入Snapseed软件中，选择【镜头模糊】工具

2. 进入【镜头模糊】工具菜单中，界面会弹出圆形的模糊范围

圆形模糊区域图标

平行线模糊区域图标

3. 按下左下方的图标，将圆形的虚化模式变为平行线的虚化模式

4. 可以将平行线进行倾斜调整

5. 也可以缩小和放大平行线的间隔距离，控制模糊范围大小

模糊强度 +30
过渡 +70
晕影强度 +30

6. 调出【调整工具栏】，选择【模糊强度】

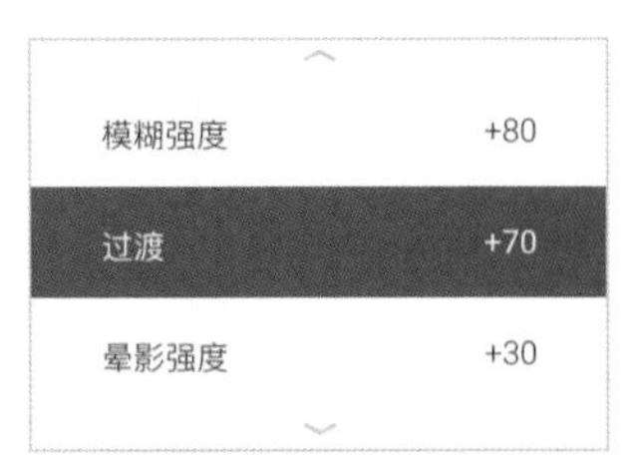

8. 调出【调整工具栏】，选择【过渡】

7. 为了让移轴效果更明显，可以将模糊强度值设置得大一些，这里设置为+80

9. 用手指向左滑动屏幕，减小过渡值，让画面模糊程度更大

10. 调出【调整工具栏】，选择【晕影强度】

11. 为了让移轴效果更真实，将晕影强度设置为最小值

12. 查看调整后的效果，如无需再修改，保存照片即可

5.4 利用【修复】工具修复画面中的不完美

一提到擦除、去污的处理，我们便会想到电脑上的Photoshop软件，因为在修图时，我们常会将照片中的污渍或是杂乱的元素用Photoshop软件删除掉，但利用Photoshop软件的前提，是必须将手机中的照片导入电脑上才可以进行修图处理。而现在，只要用Snapseed软件中的【修图】工具，就能够直接在手机上进行去污等处理，下面我们就介绍一下这款工具。

调整前的效果

经过【修复】工具处理之后，画面显得更为简洁干净

修复

1. 将照片导入Snapseed软件中，选择【修复】工具

2. 进入【修复】工具界面

3. 为了更加精准地进行修复处理，我们将画面进行放大预览

4. 移动左下方的导航条，找到需要修复的地方

5. 用手指涂抹需要去除的元素

6. 软件会自动分析涂抹的元素，然后进行自动擦除

7. 移动导航条，继续对荷叶进行涂抹

8. 将需要擦除的元素全部涂抹完成

9. 恢复正常预览大小，查看效果

10. 在涂抹过程中，有时会不小心涂抹在主体上

11. 如果涂抹到主体上，主体则被破坏

12. 点击【向左】箭头，撤销上一步操作，即可恢复被破坏的区域

5.5 制作梦幻的双重曝光效果

在Snapseed软件中，【双重曝光】也是很有特色的功能，这个功能可以在滤镜菜单中找到，那么什么是双重曝光呢？相信有很多人都知道单反相机上的双重曝光功能，或者说是多重曝光功能，它是指在同一底片上进行多次曝光，使不同景象重叠在一张画面中，而Snapseed中的【双重曝光】就是仿照这一功能，我们通过将照片导入Snapseed中，便可以很容易得到双重曝光的梦幻效果。

合成前的两张原图效果，可以看到两张照片的内容简单而不杂乱

Tips:

【双重曝光】工具在操作上非常简单，所以制作双重曝光的关键是在于选择什么样的照片，通常，我们要选择简洁干净的画面，画面中的元素越少越好，因为如果元素过多，重叠在一起的画面会显得很乱。

最后合成的双重曝光画面，内容结合得十分巧妙

双重曝光

1. 将照片导入Snapseed软件中，找到【双重曝光】工具

① 【添加照片】图标

2. 进入【双重曝光】菜单中，按下左下方的【添加照片】图标

3. 在弹出的手机相册中，找到另一张照片

4. 将第二张照片导入软件中，会自动生成双重曝光效果，这也是双重曝光的默认叠加模式

5. 按下【预设】图标，会显示软件提供的多种叠加模式

6. 【调亮】叠加模式所呈现的效果

7.【调暗】叠加模式所呈现的效果

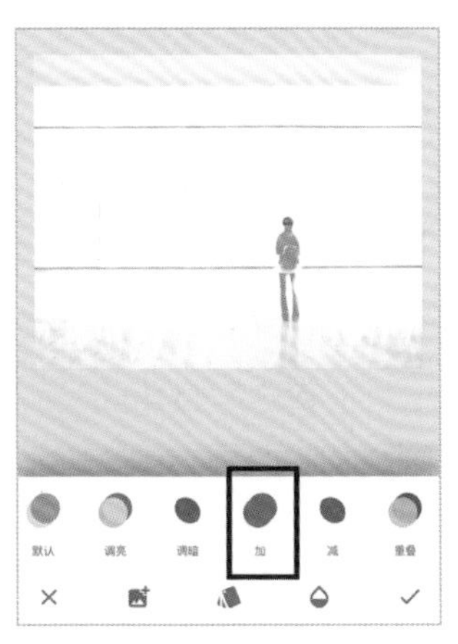

8.【加】叠加模式所呈现的效果

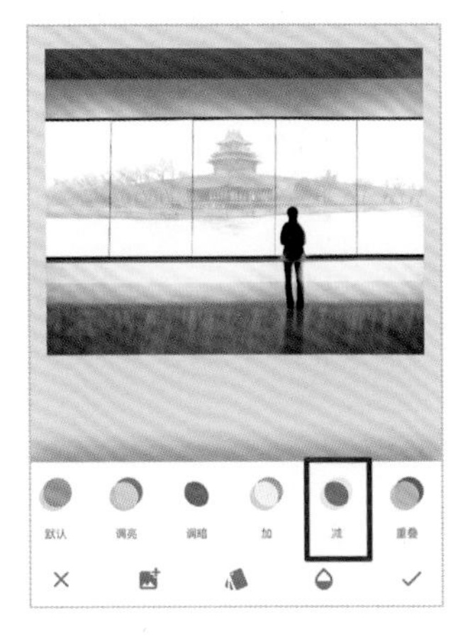

9.【减】叠加模式所呈现的效果

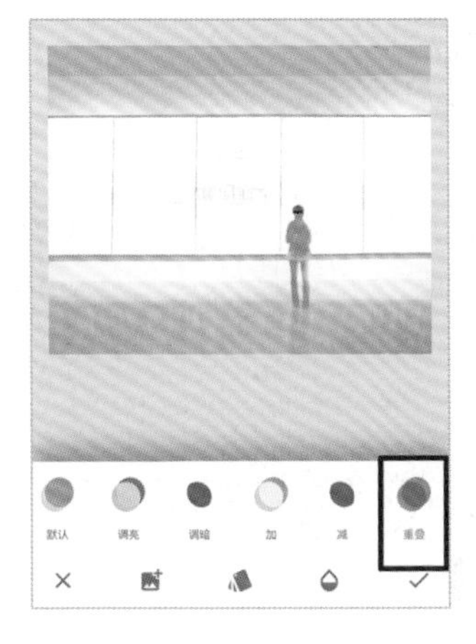

10.【重叠】叠加模式所呈现的效果

11.选好叠加模式后，按下【透明度】的调整图标，适当调整画面的透明度

12.画面透明度以及照片位置调整好之后，即可保存照片

如果一张照片中的内容并不是一些很简洁的元素，那么搭配另一张照片时，最好保证另一张照片中的元素非常少。

孩子蹲在沙滩上玩耍，海浪冲刷着岸边，画面显得很温馨，但是画面中的元素比较丰富

白色的墙壁，红色的自行车，画面简洁干净

将两张照片合成在一起，形成双重曝光效果，画面呈现得很有趣

双重曝光

1. 将照片导入Snapseed软件中，找到【双重曝光】工具

3. 在弹出的手机相册中，找到另一张照片

【添加照片】图标

2. 进入【双重曝光】菜单中，按下左下方的【添加照片】图标

4. 将自行车照片导入软件中，自动生成默认双重曝光效果

5. 导入的第二张照片，可以用双指滑动屏幕改变其大小

6. 也可以改变第二张照片的角度，具体操作要根据画面内容来调整

7. 选择一款适合的叠加效果

8. 适当调整画面的透明度

曲线

9. 由于合成的照片有些偏暗，可以进入【曲线】工具，调整一下画面亮度

10. 将合成后的照片导入【曲线】工具

11. 适当调整曲线

12. 保存合成照片

第 6 章

Snapseed丰富的滤镜效果

跟别的手机图片编辑后期软件一样，Snapseed软件也提供多种不同风格的滤镜效果，而且这些滤镜效果的色彩也颇具特色。另外，与其他软件的最大差别，也是Snapseed软件的亮点之处，就是每一种滤镜效果都可以进行很细化的调整，比如滤镜效果的样式强度、饱和度、晕圈等信息都可以调整，下面我们介绍一下Snapseed软件中的滤镜效果。

6.1 色调对比度

Snapseed软件把【色调对比度】放在了滤镜菜单中，但其实【色调对比度】更倾向于细节调整工具，它可以单独调整画面中不同色调的对比度，让后期处理可以更加细化。

原图效果

利用【色调对比度】对画面进行调整后，仔细观察，可以发现照片细节更丰富了

色调对比度

1. 将照片导入Snapseed中，并选择【色调对比度】滤镜

2. 进入【色调对比度】滤镜菜单中

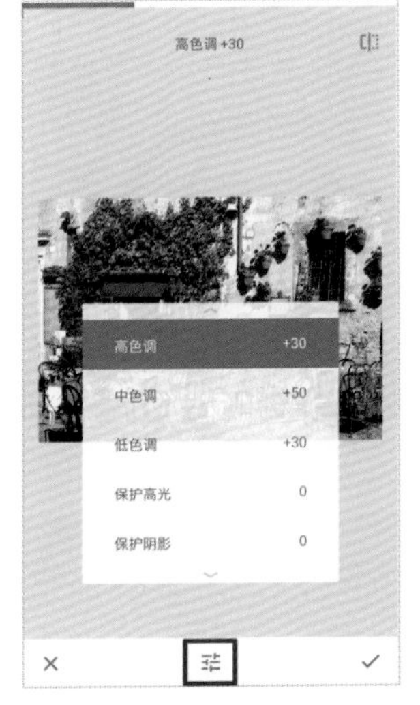

调整图标

3. 用手指上下滑动屏幕，导出调整工具栏，或者按下【调整图标】导出调整工具栏，可以看到有高色调、中色调、低色调、保护高光、保护阴影的设置

4. 选择【高色调】，然后用手指向右滑动屏幕，增加高色调值

原图中，高色调区域的细节效果

5. 增加高色调对比度后的效果

增加高色调对比度后的细节效果

高色调 +30

中色调 +93

低色调 +30

保护高光 0

保护阴影 0

6. 选择【中色调】，然后用手指向右滑动屏幕，增加中色调值

7. 增加中色调对比度后的效果

8. 选择【低色调】，然后用手指向右滑动屏幕，增加低色调值

9. 增加低色调对比度后的效果

原图中，中色调区域的细节效果

增加中色调对比度后的细节效果

原图中，低色调区域的细节效果

增加低色调对比度后的细节效果

高色调	+30
中色调	+50
低色调	+30
保护高光	+90
保护阴影	0

10. 选择【保护高光】，然后用手指向右滑动屏幕，增加保护高光值

11. 增加保护高光值之后的效果

12. 选择【保护阴影】，然后用手指向右滑动屏幕，增加保护阴影值

13. 增加保护阴影值之后的效果

原图中，高光区域的细节效果

增加保护高光值之后的细节效果

原图中，阴影区域的细节效果

增加保护阴影值之后的细节效果

6.2 HDR景观

HDR是指高动态范围图像，一般在手机的拍摄模式中会直接带有此功能，开启HDR后，相机将会对场景中的高亮区域、暗部区域、中间区域分别进行曝光，并在手机内部自动合成一张HDR照片，这样，画面的暗部细节和亮部细节都可以得到呈现。而在图片后期处理中，想要得到HDR的效果，可以利用Snapseed软件的【HDR景观】滤镜来实现。

原图效果

为画面添加【HDR景观】滤镜后的效果

HDR景观

1. 将照片导入Snapseed中，并选择【HDR景观】滤镜

2. 根据画面内容，选择软件预设的HDR滤镜效果

滤镜强度	+50
亮度	0
饱和度	0

3. 在每一款HDR滤镜效果中，都可以对滤镜强度、亮度、饱和度进行详细设置

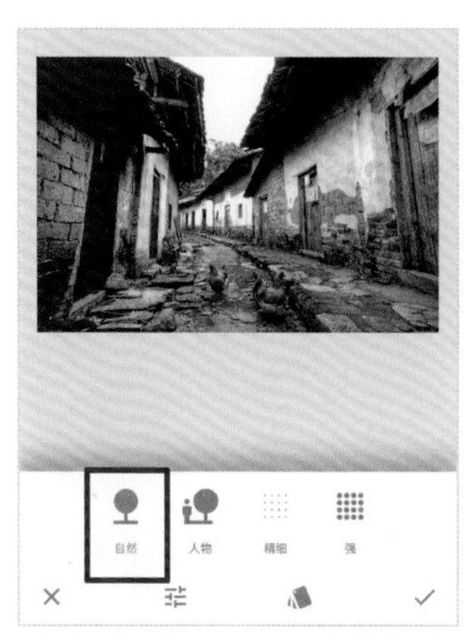

4. 选择【自然】HDR滤镜呈现的效果

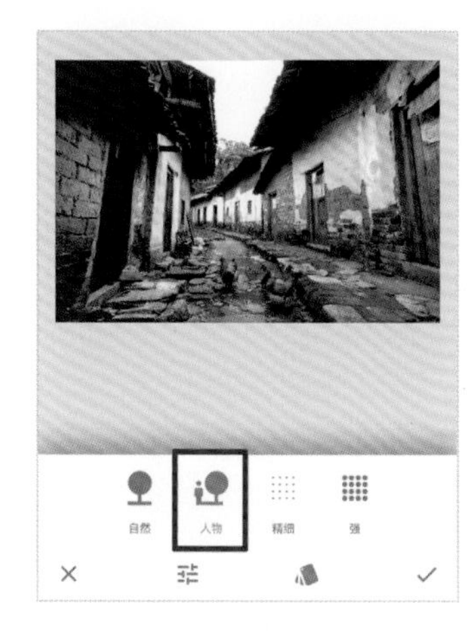

5. 选择【人物】HDR滤镜呈现的效果

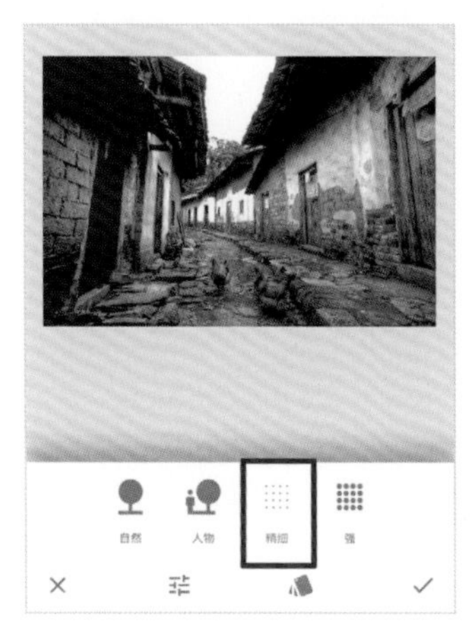

6. 选择【精细】HDR滤镜呈现的效果

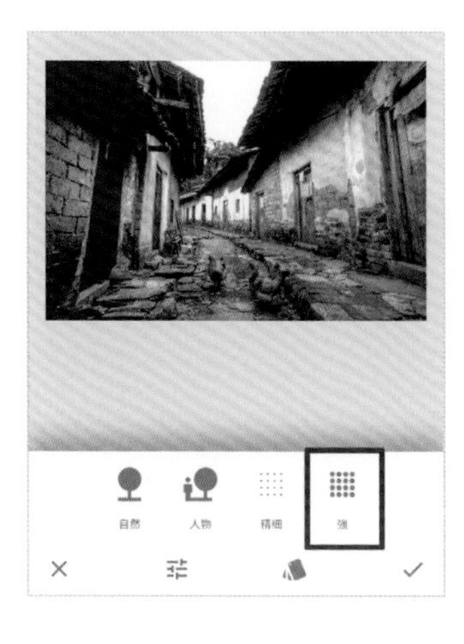

7. 选择【强】HDR滤镜呈现的效果

6.3 戏剧效果

Snapseed软件中的【戏剧效果】，能够很大程度提高画面的视觉冲击力，是一种风格偏重、偏浓的滤镜效果，它往往能够让一张看起来效果很一般的照片呈现出大片的效果。

原图效果

为画面添加一款【戏剧滤镜】后的效果

戏剧效果

1. 将照片导入Snapseed中，并选择【戏剧效果】滤镜

2. 进入【戏剧效果】滤镜菜单中

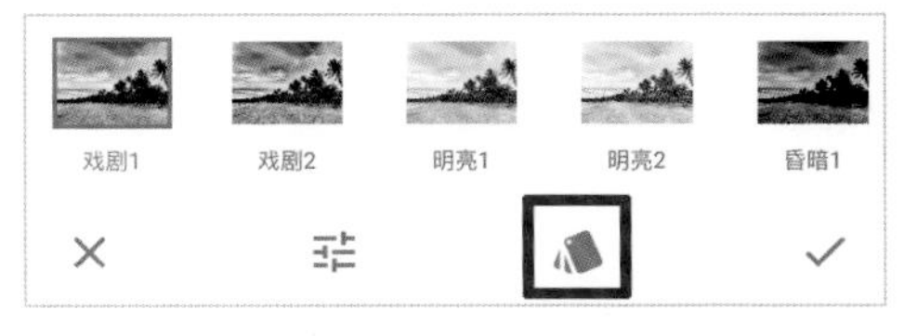

3. 按下【预设】图标，可以看到多种预设戏剧效果滤镜

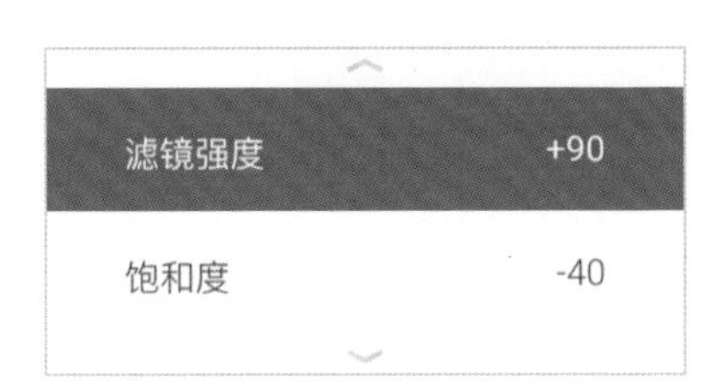

4. 在每一款戏剧效果滤镜中，都可以对滤镜强度、饱和度进行详细设置

5. 选择【戏剧1】滤镜呈现的效果

6. 选择【戏剧2】滤镜呈现的效果

7. 选择【明亮1】滤镜呈现的效果

8. 选择【明亮2】滤镜呈现的效果

9. 选择【昏暗1】滤镜呈现的效果

10. 选择【昏暗2】滤镜呈现的效果

6.4 斑驳效果

Snapseed软件中的【斑驳】滤镜可以说是一款“重口味”的滤镜，它会使画面所呈现的效果非常强烈。使用【斑驳】滤镜时，我们不仅可以对滤镜样式进行调整，还可以选择多种纹理效果，也可以设置画面的暗角以及模糊区域的大小。

原图效果

为画面添加【斑驳】效果后，配合画面中的内容，犹如泼墨画一样，很有艺术感

斑驳

1. 将照片导入Snapseed中，并选择【斑驳】滤镜

2. 进入【斑驳】滤镜菜单中

改变滤镜样式

3. 按下红框中的【双箭头】图标，可以随机改变滤镜样式

改变滤镜样式

4. 继续按该图标，可继续随机改变其样式

5. 在每一款斑驳滤镜中，都可以设置样式、亮度、对比度等信息的数值

设置对比度为 +47

设置对比度为 +95

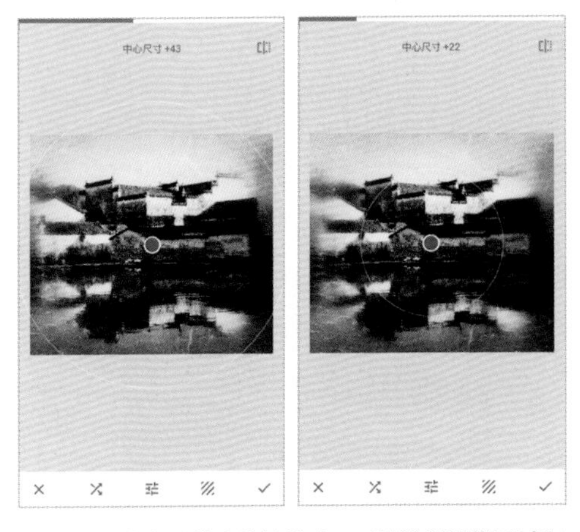

6. 用双指在屏幕上缩放滑动，可以控制模糊区域和暗角的大小范围

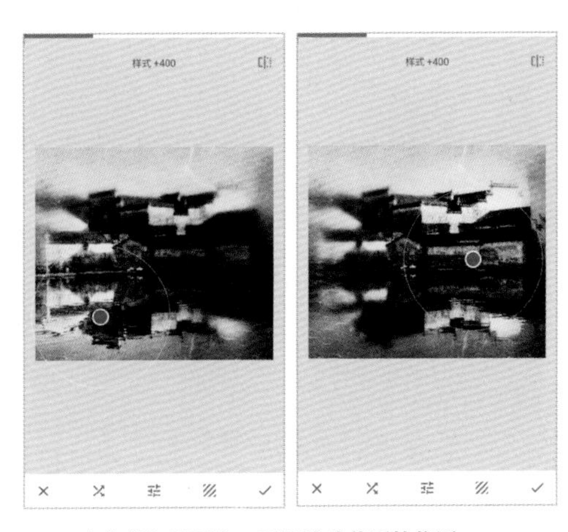

7. 点住蓝色的圆点，可以移动范围的位置

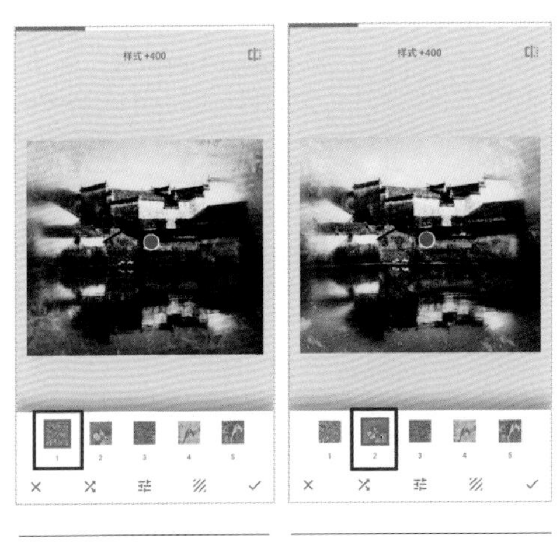

变换纹理效果

变换纹理效果

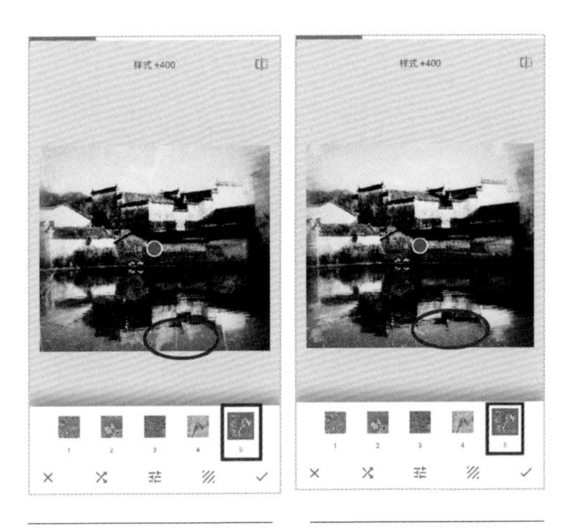

变换纹理效果

变换纹理效果

8. 按下红框内的【纹理】图标，可以选择不同的纹理效果

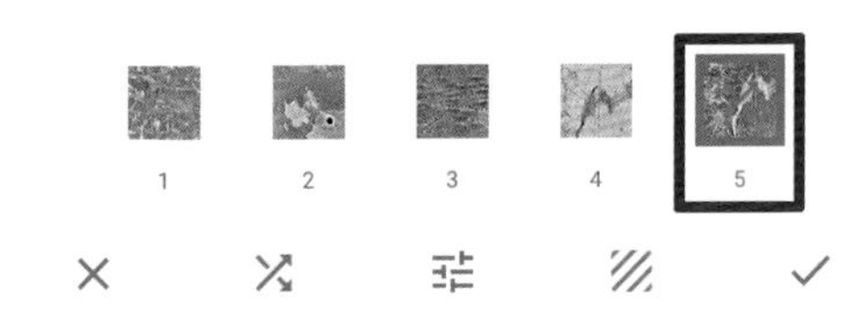

9. 多次按红框内的【纹理】图标，可以随机选择纹理的方向和细节，如图红圈处

6.5 粗粒胶片效果

很多人喜欢老胶片机拍摄的照片，因为其展现的色彩很有特色，为了满足对这种胶片色彩的需求，Snapseed软件为我们提供了【粗粒胶片】滤镜，它会通过逼真的颗粒营造出颇具年代感的胶片效果。

原图效果

为画面添加【粗粒胶片】滤镜后的效果，画面显得比原图更有意境

粗粒胶片

1. 将照片导入Snapseed中，并选择【粗粒胶片】滤镜

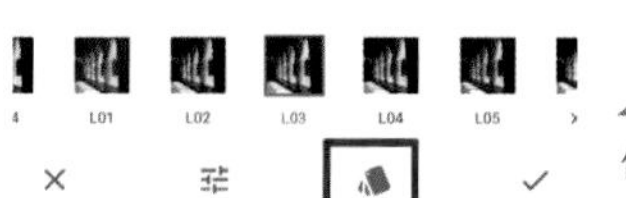

2. 根据画面内容，选择软件预设的粗粒胶片效果

3. 在每一款粗粒胶片效果中，都可以设置粒度和样式强度的数值

4. 选择【A03】所呈现的粗粒胶片效果

5. 选择【B01】所呈现的粗粒胶片效果

6. 选择【L01】所呈现的粗粒胶片效果

7. 选择【X04】所呈现的粗粒胶片效果

6.6 复古效果

【复古】滤镜是一款主打怀旧情怀的滤镜效果，其实我们在拍摄照片时，色彩和构图都没问题，但总感觉少了些艺术气氛，究其原因，是因为画面太过真实了，为画面添加一款【复古】滤镜，打破真实的色彩，可以让照片更有艺术氛围。

原图效果

为画面添加一款【复古】滤镜后，画面显得更有气氛，也很有复古的味道

复古

1. 将照片导入Snapseed中，并选择【复古】滤镜

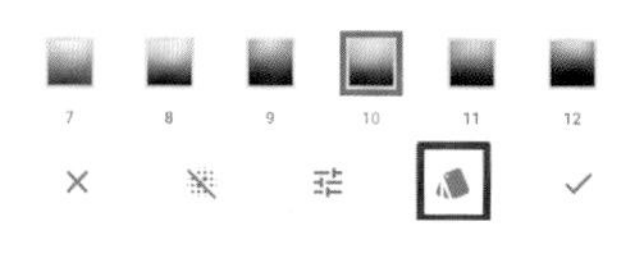

2. 根据画面内容，选择软件预设的复古效果

3. 在每一款复古效果中，都可以对亮度、饱和度、样式强度、晕影强度进行设置

4. 选择【6】所呈现的复古效果

5. 选择【3】所呈现的复古效果

6. 选择红圈中的【模糊】按钮，可以开启画面的晕圈模糊效果

7. 再次点击红圈中的【模糊】按钮，可以开启或关闭画面的晕圈模糊效果

开启模糊效果

关闭模糊效果

6.7 怀旧效果

怀旧的人都很感性，怀旧的照片也是如此，如果为照片添加Snapseed中的【怀旧】滤镜，就会展现出一种怀旧的气氛和情感在画面中，有时还会带一些伤感、沧桑的画面感。

原图效果

为画面添加一款【怀旧】滤镜，画面更有沧桑感，结合画面内容，显得也很有故事性

怀旧

1. 将照片导入Snapseed中，并选择【怀旧】滤镜

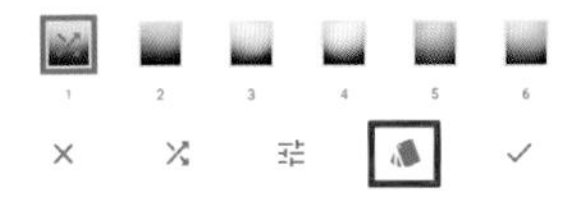

2. 根据画面内容，选择软件预设的怀旧效果

添加怀旧滤镜【4】的效果

3. 在每一款怀旧效果中，都可以设置亮度、对比度、饱和度、漏光等数值

添加怀旧滤镜【9】的效果

变换滤镜效果

变换滤镜效果

变换滤镜效果

变换滤镜效果

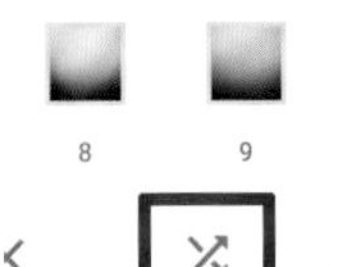

4. 按下红框内的【双箭头】图标，可以随机选择滤镜，并且亮度、对比度、漏光、样式强度等也是随机调整过的

5. 多次按红框内的滤镜图标，可以随机选择该滤镜下的其他随机数值效果

6.8 黑白电影效果

Snapseed软件中的【黑白电影】滤镜，可以将照片处理成充满忧郁感的黑白电影效果，但它与Snapseed中的【黑白】滤镜不同，它所呈现出的照片效果并不是纯黑白色调的滤镜效果。

原图效果

为画面添加一款【黑白电影】滤镜，让风光场景更有画面感，犹如黑白电影一样

黑白电影

1. 将照片导入Snapseed中，并选择【黑白电影】滤镜

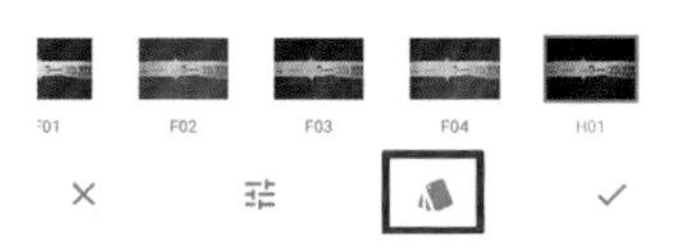

2. 根据画面内容，选择软件预设的黑白电影效果

亮度 +15

柔化 +50

粒度 +25

滤镜强度 +100

3. 在每一款黑白电影效果中，都可以对亮度、柔化、粒度、滤镜强度进行数值设置

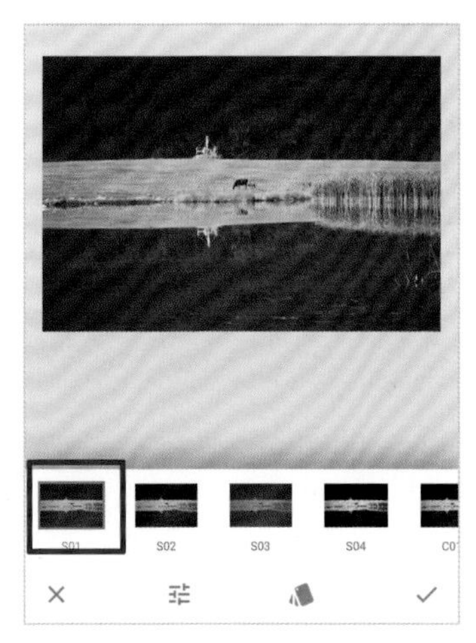

4. 选择【S01】所呈现的黑白电影效果

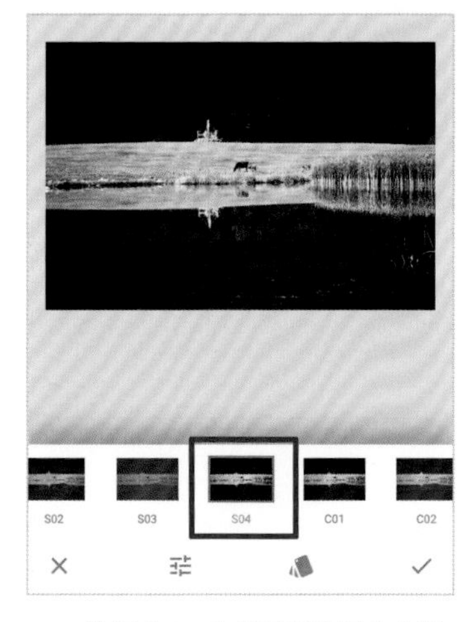

5. 选择【S04】所呈现的黑白电影效果

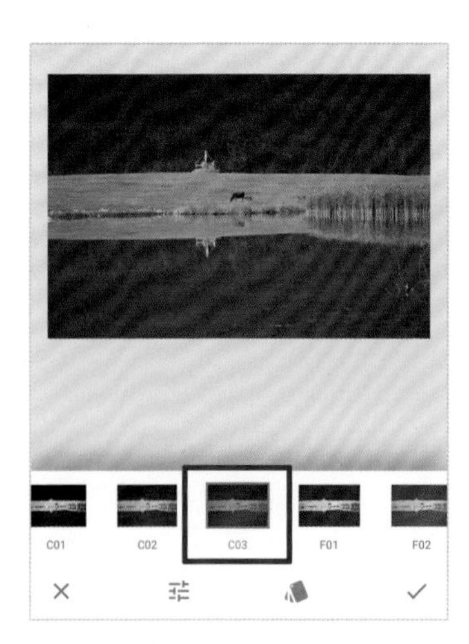

6. 选择【C03】所呈现的黑白电影效果

7. 选择【H02】所呈现的黑白电影效果

6.9 黑白效果

我们所处的年代，彩色照片是主流，但黑白照片作为经典的照片形式一直占有一席之地。如果想将我们拍摄的彩色照片转为黑白，可以借助Snapseed软件中的【黑白】滤镜效果，就能将彩色照片处理成黑白照片。

原图效果

为画面添加一款【黑白】滤镜，原有的色彩变成黑白色，画面元素显得更加简洁，同时黑白效果也很有艺术魅力

黑白电影

1. 将照片导入Snapseed中，并选择【黑白】滤镜

添加黑白滤镜的【胶片】效果

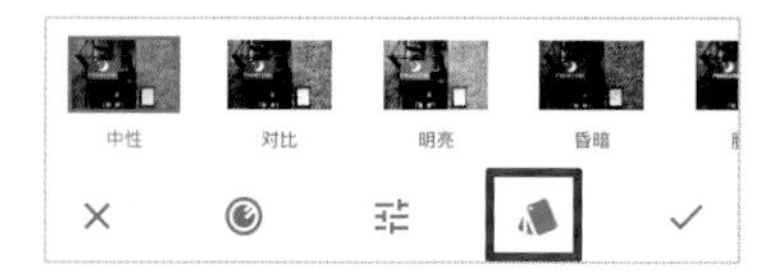

2. 根据画面内容，选择软件预设的黑白效果

添加黑白滤镜的【明亮】效果

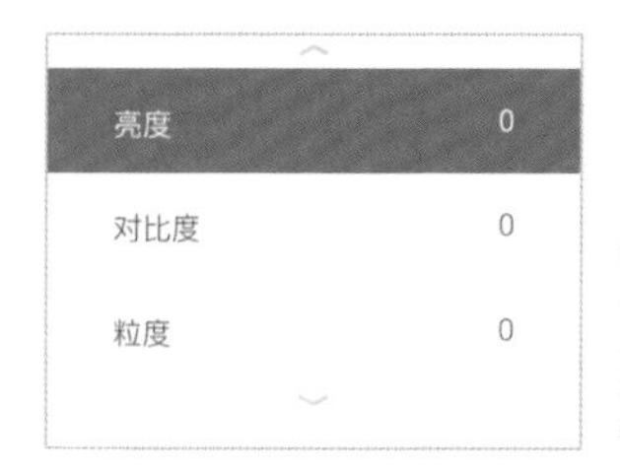

3. 选择一款黑白效果后，可以对亮度、对比度、粒度的数值进行设置

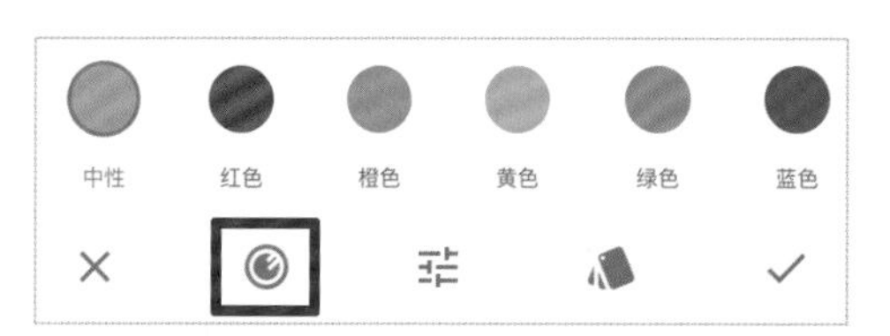

4. 按下红框中的图标，可以选择黑白滤镜中的彩色滤镜

Tips:
在对照片进行黑白处理时，彩色滤镜可以让画面中有相同或相似颜色的物体显得更亮，比如原图中类似橘黄色的墙壁，在黄色或者橙色的滤镜下就是最亮的，蓝色的窗帘在蓝色滤镜下就是最亮的。

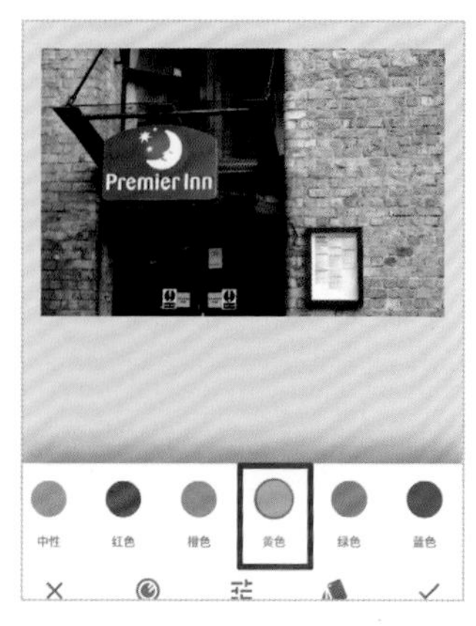

5. 选择【黄色】滤镜所呈现的黑白效果

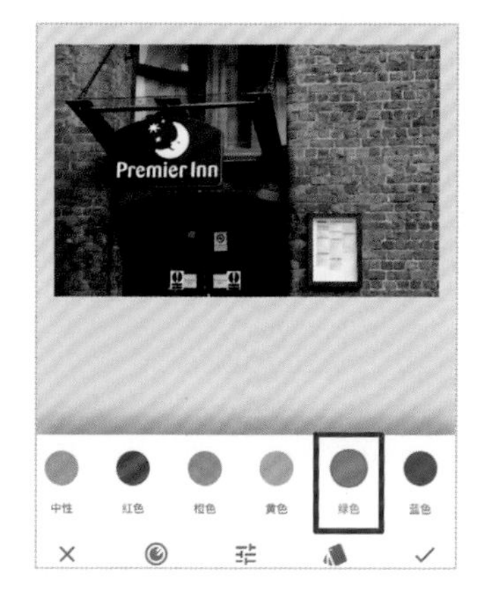

6. 选择【绿色】滤镜所呈现的黑白效果

6.10 相框

在数码照片还没有普及的时代，为了更好地保存和欣赏照片，我们会为照片安装一个相框，其实安装相框后，照片更容易引起我们的注意，相框可以把我们的视线都集中在画面里。进入数码时代后，我们不再习惯于把照片冲洗出来，而是把照片发到社交网站上，让朋友们一起欣赏，而在分享这些照片前，也可以通过图片编辑后期软件为照片添加上相框，这样可以使照片更有格调，也可以使人们的视线得到集中。下面，我们就为大家介绍一下通过 Snapseed 软件为照片添加相框的方法。

原图效果

为画面添加一款黑色相框呈现的效果

为画面添加一款白色相框呈现的效果

相框

1. 将照片导入Snapseed中，并选择【相框】滤镜

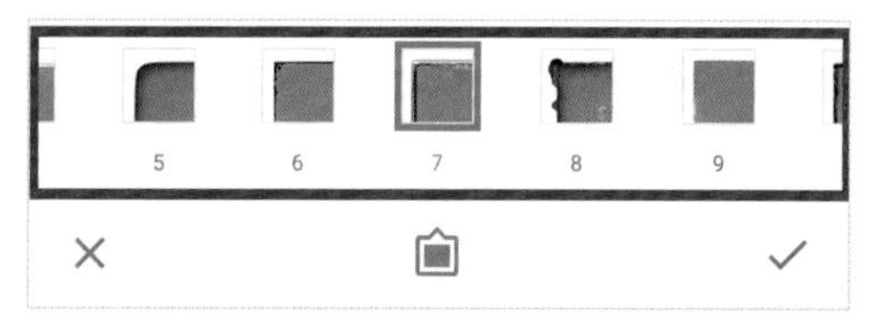

2. 软件为我们提供了多种相框，可以根据需要选择相框

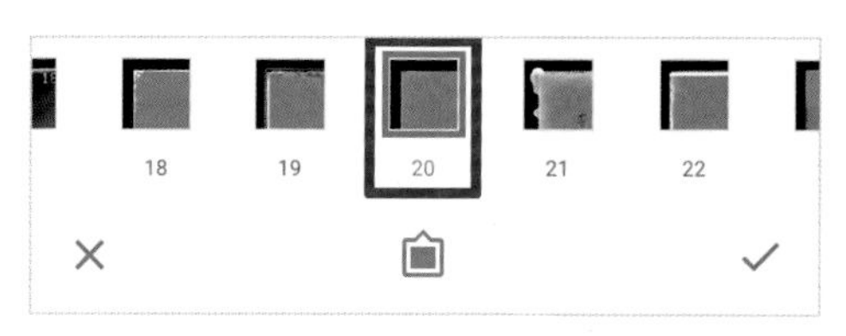

3. 如果滤镜图标中带有【随机箭头】，多次按此种图标，可以改变相框内侧的纹路

添加相框【2】的效果

添加相框【17】的效果

4. 按下带有【随机箭头】的图标，相框内侧纹路发生变化

5. 按下带有【随机箭头】的图标，相框内侧纹路发生变化

6.11 文字

一张照片，可以代表一个场景、一段时间，也可以代表一个故事、一次旅行，对于那些很有画面感的照片，如果加上一些文字，可以让照片更有故事性，更加感性。想要为照片添加一些文字，我们可以利用Snapseed软件中的【文字】工具，但需要注意的是，一张照片添加的文字不宜过多。

这些照片都是添加完文字后的效果，每一幅画面都很文艺，也很有故事性

Tт

文字

1. 【文字】工具可以在Snapseed软件的工具菜单中找到

2. 软件为我们提供了多种文字模式，可以根据需要进行选择

4. 双击文字模板，在输入框中输入想好的文字

3. 选择一款文字模式后，用两手指在屏幕上收缩，以缩小文字尺寸

5. 将输入好的文字移动到合适的位置

6. 可以调整文字的不透明度

7. 也可以选择【倒置】，然后设置不透明度

8. 选择【色彩】图标，可以设置文字颜色

9. 按不透明度旁的【倒置】，可切换字体与画面的色彩

蒙版与各种效果的巧妙结合

在 Snapseed 软件中，最让人称赞的功能，非【蒙版】功能莫属，可以毫不夸张地说，如果不懂得使用蒙版功能，那么这款软件的功效也就发挥了 50%。

那么什么是蒙版呢？其实很好理解，蒙版实际上就相当于在原来的图层上添加了一个看不见的图层，我们通过蒙版中的画笔工具擦拭蒙版，以此显示和掩盖原来的图层，得到对局部处理后的画面。具体如何操作，下面我们就为大家详细介绍一下。

7.1 蒙版结合菜单工具

在前面内容中，我们已经学习了工具菜单中的很多功能，而想要将这些功能最大程度发挥出来，就要配合蒙版的使用，蒙版在操作步骤上大同小异，所以这里我们就用饱和度、白平衡这两个基础调整配合蒙版，为大家举例说明一下。

7.1.1 找到蒙版工具

蒙版工具不像其他工具一样在界面中会有单独的图标，如果不熟悉软件，会很难发现它。

按下红框内的图标

1. 对照片进行了一些后期调整后，需要按下红框中的图标

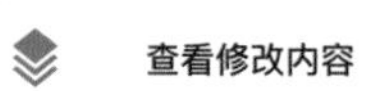

选择【查看修改内容】

2. 弹出上拉菜单后，选择红框中的【查看修改内容】

3. 单击【查看修改内容】后，在界面的右侧会出现之前的操作记录

画笔工具，也就是蒙版工具

4. 选择某一个操作记录，可以查看或是修改之前的操作，而蒙版工具就在这里

用于删除该操作的图标

用于对之前的调整再次进行处理

7.1.2 结合蒙版调整画面的饱和度

如果想对画面的局部区域进行饱和度的处理，可以用【调整图片】菜单中的【饱和度】工具结合【蒙版】来操作。

利用【饱和度】工具结合蒙版，提高中心区域景色饱和度后的效果

原图中的中心景色饱和度很低

调整图片

1. 将照片导入Snapseed软件中，并选择【调整图片】菜单

调整图标

2. 进入【调整图片】菜单后，按下调整图标，选择【饱和度】工具

3. 用手指向右滑动屏幕，增加饱和度值，这里我们只关注中心景物的色彩，将饱和度适当提升

选择红框内的图标

4. 对照片进行饱和度调整后，可以看到门框的饱和度值过高，所以要利用蒙版将其效果擦除，按下红框中的图标

查看修改内容

选择【查看修改内容】

5. 弹出上拉菜单后，按下红框中的【查看修改内容】

选择红框内的【画笔】工具

6. 在界面右下侧的操作记录中，按下【画笔】工具

7. 进入【蒙版】界面，可以看到相应的功能图标

阴阳箭头的图标

小眼睛图标

8. 点亮红框内类似阴阳箭头的图标，并点亮【小眼睛】图标，可以看到画面变成了透明的红色

9. 用手指仔细擦拭画面中的红色

10. 将需要调整饱和度的区域保留

11. 点灭【小眼睛】图标，可以看到中心景色的饱和度得到提高，效果满意后点击对勾图标

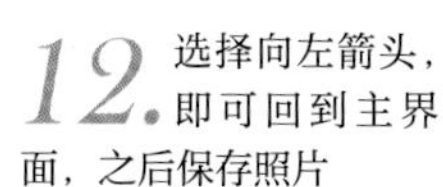

向左箭头

12. 选择向左箭头，即可回到主界面，之后保存照片

7.1.3 结合蒙版调整画面的色调

如果想调整画面局部区域的色调，那么可以用【调整图片】工具中的【暖色调】功能结合【蒙版】进行操作。

原图中，湖水的色彩并不是很吸引人

经过后期处理，让湖水颜色呈现出冷色调，调整后的画面整体更显和谐，更有气氛

调整图片

1. 将照片导入Snapseed软件中，并选择【调整图片】菜单

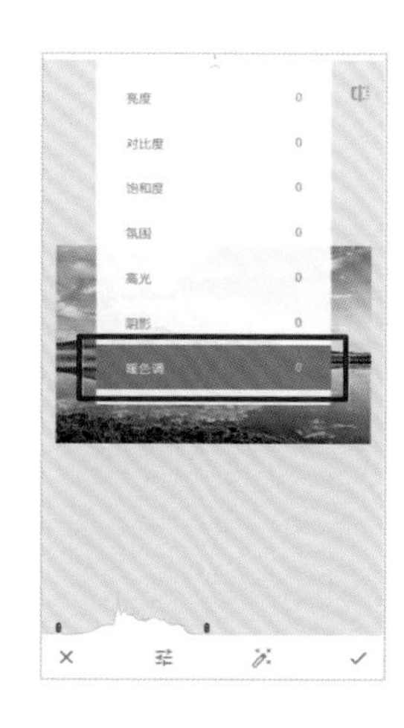

调整图标

2. 进入【调整图片】菜单后，按下调整图标，选择【暖色调】工具

3. 用手指向左滑动屏幕，降低暖色调值，让画面呈冷色调

选择红框内的图标

4. 对照片进行色调调整后，按下红框中的图标

查看修改内容

选择【查看修改内容】

5. 弹出上拉菜单后，按下红框中的【查看修改内容】

选择红框内的【画笔】工具

6. 在界面右下侧的操作记录中，按下【画笔】工具

7. 进入【蒙版】界面，可以看到相应的功能图标

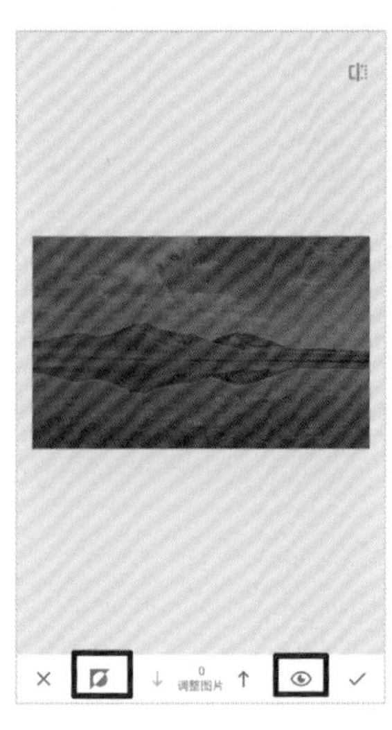

阴阳箭头的图标

小眼睛图标

8. 点亮红框内类似阴阳箭头的图标，并点亮【小眼睛】图标，可以看到画面变成了透明的红色

9. 为了更加仔细地擦除，可以放大画面预览

10. 擦除不需要调整的区域，保留湖水区域的红色

11. 点灭【小眼睛】图标，可以看到湖水呈现出冷色调画面，效果满意后点击【√】图标

向左箭头

12. 选择向左箭头，即可回到主界面，之后保持照片

7.2 蒙版结合滤镜效果

Snapseed软件为我们提供了很多颇具特色的滤镜效果，我们可以利用蒙版功能结合这些滤镜效果对图片进行后期处理，这样可以创造出更多精彩的画面。

7.2.1 蒙版搭配【HDR景观】滤镜

在实际操作时，我们可以结合【HDR景观】滤镜以及基础工具一同进行调整。

原图效果，显得有些平淡

通过蒙版工具结合【HDR景观】处理之后，画面色彩效果更精彩

HDR景观

1. 将照片导入Snapseed软件中，并选择【HDR景观】滤镜

2. 进入【HDR景观】滤镜菜单后，对滤镜相应的参数做出适当调整

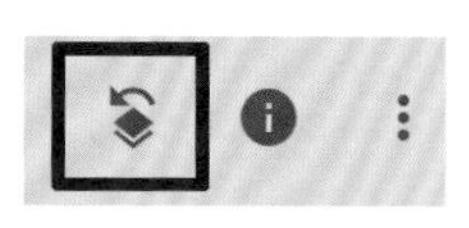

选择红框内的图标

3. 添加滤镜效果后，按下红框中的图标

选择【查看修改内容】

4. 弹出上拉菜单后，按下红框中的【查看修改内容】

选择红框内的【画笔】工具

5. 在界面右下侧的操作记录中，按下【画笔】工具

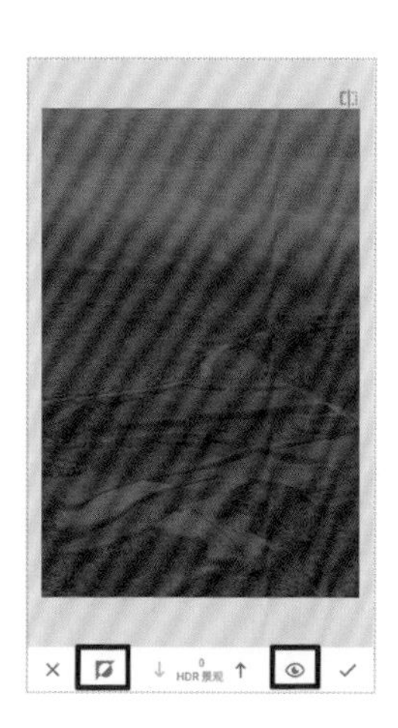

阴阳箭头的图标

小眼睛图标

6. 点亮红框内类似【阴阳箭头】的图标，并点亮【小眼睛】图标，可以看到画面变成了透明的红色

7. 擦除不需要调整的地面区域

8. 继续擦除，保留需要调整区域的红色

向左箭头

9. 为天空添加了滤镜效果后，云彩显得更加立体，但地面景物的色彩显得有些平淡，此时选择【向左箭头】，回到主界面

调整图片

选择【调整图片】菜单

10. 在【调整图片】菜单中，选择【饱和度】工具

11. 增加画面的饱和度，让地面色彩更加饱和

查看修改内容

选择【查看修改内容】

12. 选择【保存】右侧的图标，然后选择【查看修改内容】

画笔工具

13. 在界面右下侧的操作记录中，按下【画笔】工具

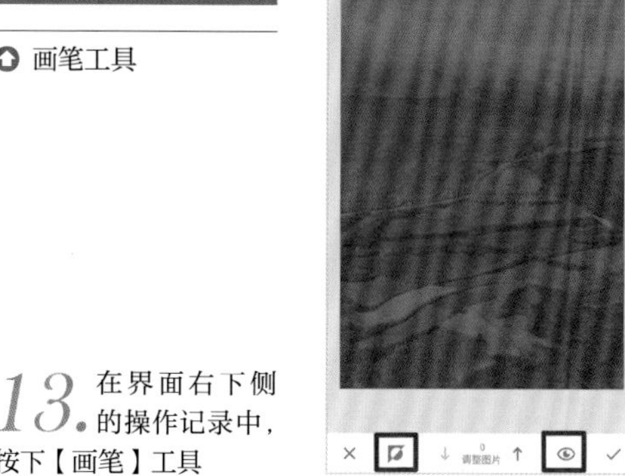

类似阴阳箭头的图标

小眼睛图标

14. 点亮红框内类似【阴阳箭头】的图标，并点亮【小眼睛】图标，可以看到画面变成了透明的红色

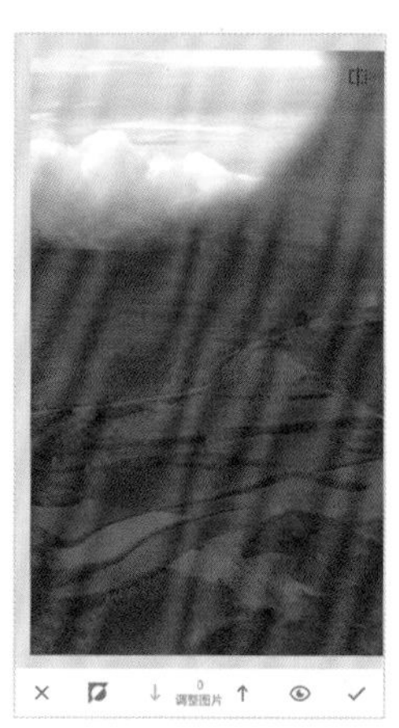

15. 开始擦除红色，为了更加仔细地进行擦除，可以放大画面预览

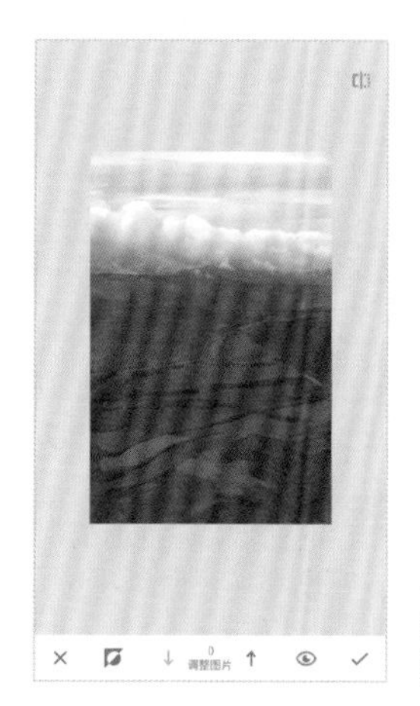

16. 擦除云彩区域，保留地面的红色，这样可以只对地面进行饱和度的提升

17. 点灭【小眼睛】图标，预览处理后的画面效果，效果满意后点击【√】图标

向左箭头

18. 选择【向左箭头】，对照片进行存储

7.2.2 用蒙版调整出黑白与单彩的效果

有了蒙版工具，我们可以制作出更有创意的作品，利用Snapseed中的【黑白】滤镜结合蒙版，可以制作出背景黑白而主体彩色的画面效果。

通过蒙版工具结合滤镜效果，可以做出主体为彩色，而周围环境为黑白的趣味效果

原图效果

黑白

添加【黑白】滤镜

1. 为画面添加【黑白】滤镜

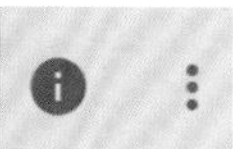

选择红框内的图标

2. 添加滤镜效果后，按下红框中的图标

查看修改内容

选择【查看修改内容】

3. 弹出上拉菜单后，按下红框中的【查看修改内容】

选择红框内的【画笔】工具

4. 在界面右下侧的操作记录中，选择【画笔】工具

5. 进入【蒙版】界面，可以看到相应的功能图标

阴阳箭头的图标

【小眼睛】图标

6. 点亮红框内类似【阴阳箭头】的图标，并点亮【小眼睛】图标，可以看到画面变成了透明的红色

7. 开始擦除红色，为了更加仔细地进行擦除，可以放大画面预览

8. 将主体上的红色擦去，以保留主体的色彩，让其他区域成黑色的滤镜效果

9. 在擦除过程中，难免会出现擦除错误的情况

100
黑白

10. 将中间的黑白数值设置为100，然后将擦错的地面恢复即可

11. 点灭【小眼睛】图标，预览处理后的画面效果，效果满意后点击【√】图标

12. 选择【向左箭头】，即可回到主界面，之后保持照片

向左箭头

在利用蒙版工具搭配【黑白】滤镜时，画面中的主体最好是色彩艳丽的，那样制作出的效果会更有视觉冲击力。

将画面背景处理成黑白，以强调摩托车的红色，让画面很有视觉冲击力

除了用蒙版工具结合【黑白】滤镜制作有创意的画面外，还可以结合其他一些滤镜效果进行有创意的后期制作，下面这张照片就是利用【怀旧】滤镜结合蒙版工具制作出的效果。

将街道处理成怀旧风格的色彩，而电车保持原本的色彩，好像穿梭在过去与现在一样，很有意境

利用Snapseed对人像照片进行美颜

Snapseed软件拥有非常丰富的图片后期编辑功能，但还不能说它是一款非常完美的软件，还有值得完善的地方，比如它的美颜功能。

其实在最初的Snapseed软件中，还没有美颜功能，经过Snapseed不断更新升级，在新版本中已经有了可以用于美颜的工具菜单了，这里面主要有【美颜】和【头部姿势】两种工具，搭配前面的基础调整功能和滤镜效果，基本可以满足人像照片的后期处理需求。

8.1 利用修片工具对人像嫩肤美颜

我们都知道，一张人像照片，最基本的是要保证人物脸部的曝光准确，让脸部能够清晰成像，如果人物脸部太暗，会严重影响画面效果，另外，如果想要让人像照片更为生动，人物眼睛的表现也是非常重要的，为此，Snapseed软件为我们提供了【美颜】工具，其中的面部提亮、嫩肤、亮眼这三个功能在处理人像时就非常实用。

原图中，人物脸部显得有些暗

经过Snapseed处理后的人像照片，脸部被提亮

美颜

1. 将照片导入Snapseed中，找到【美颜】

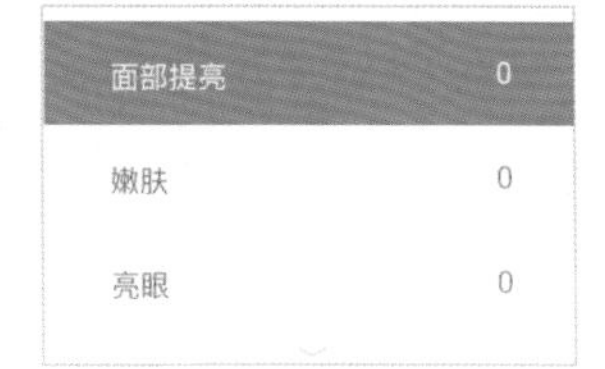

2. 用手指上下滑动屏幕，导出调整工具栏，或者按下【调整图标】导出调整工具栏，可以看到有面部提亮、嫩肤、亮眼三个功能

面部提亮前的效果

面部提亮后的效果

面部提亮 +80
嫩肤 0
亮眼 0

3. 根据人物面部受光情况，适当调整【面部提亮】的数值

嫩肤处理前的效果

嫩肤处理后的效果

亮眼处理前的效果

亮眼处理后的效果

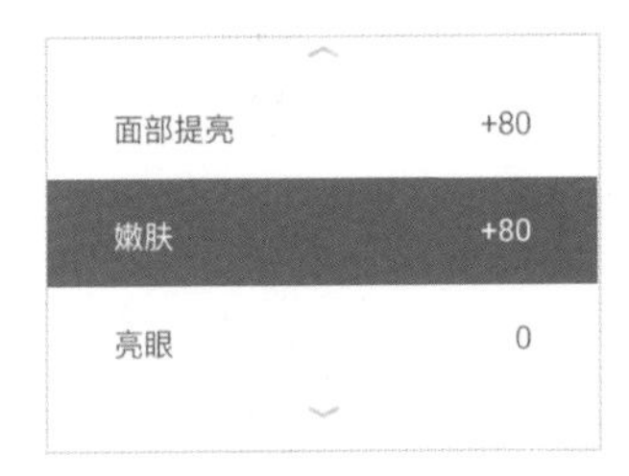

4. 选择【嫩肤】工具，对人物进行嫩肤处理

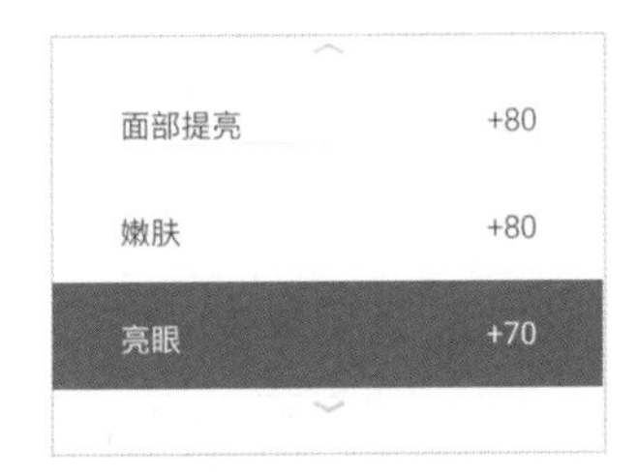

5. 选择【亮眼】工具，适当增加【亮眼】的数值

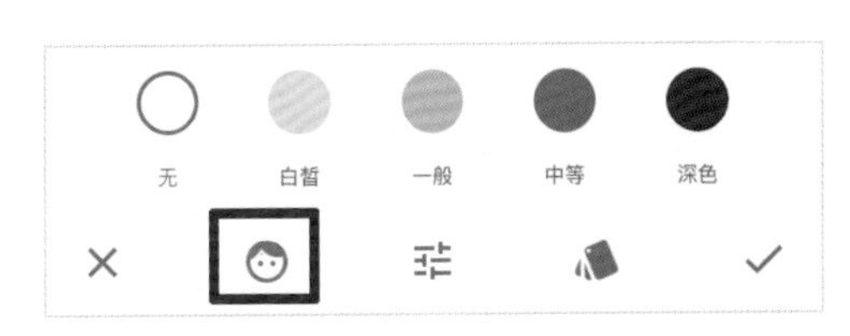

6. 【修片】工具还为我们提供了四种预设的皮肤肤色效果，分别是白皙、一般、中等、深色，可以根据想要的风格来选择

白皙效果

一般效果

中等效果

深色效果

曲线

7. 利用【美颜】工具处理完后，还可以利用【曲线】工具对照片适当调整，让画面效果更好

8. 可以手动设置曲线效果，也可以选择软件提供的预设效果，添加完成后，即可保存照片

除了以上的操作，【修图】工具还为我们提供了一些预设的效果，这些预设效果可以让我们处理人像照片更加快捷。

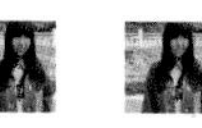

按下红框内的图标，可以看到有面部提亮1、面部提亮2、嫩肤1、嫩肤2等预设效果

用手指向左滑动屏幕，可以看到亮眼1、亮眼2、组合1、组合2、组合3预设效果

面部提亮1效果

面部提亮2效果

组合2效果

组合3效果

亮眼1效果

亮眼2效果

嫩肤1效果

嫩肤2效果

8.2 利用【头部姿势】工具调整人物的表情

在Snapseed软件的美颜功能中，【头部姿势】工具是一个很实用也很有趣的功能，它类似于Photoshop中的脸部识别液化功能，我们可以利用它对人物脸部的表情进行处理，比如让人物微笑起来，或是增加人物的瞳孔大小，还可以改变面部的朝向等。

原图中，由于拍摄角度影响，孩子的脸部表情显得有些不自然

经过Snapseed对照片进行处理，孩子面部的表情更加可爱有趣

头部姿势

1. 将照片导入Snapseed中，找到【头部姿势】

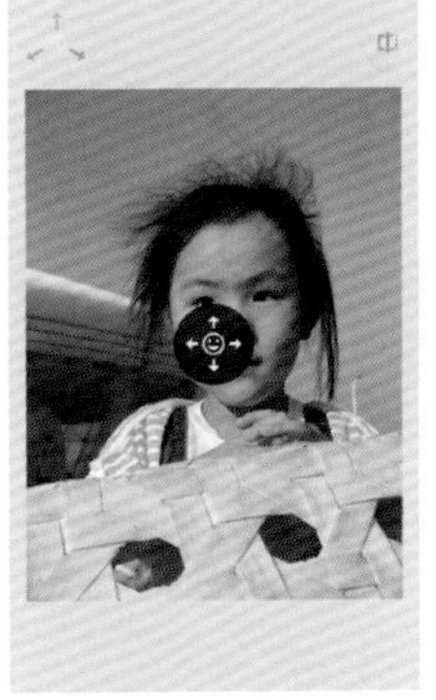

2. 进入【姿态】工具界面后，软件会先对人物进行人脸识别

3. 人脸识别完成后，如果我们用手指向左滑动，面部表情也会向左移动

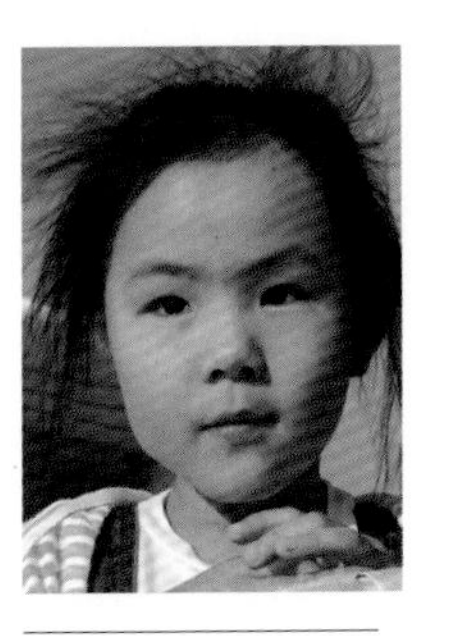

原图效果

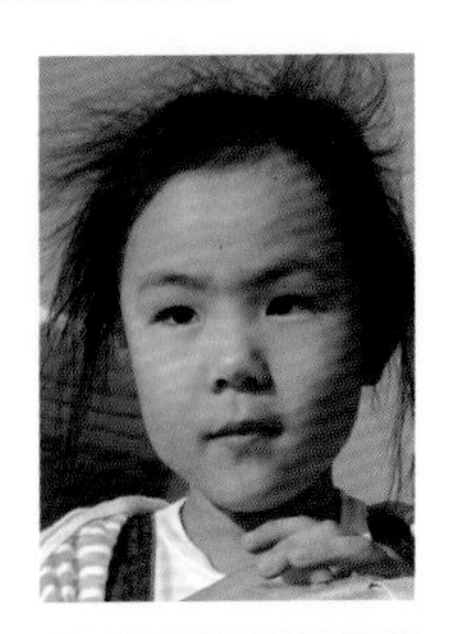

面部表情向左移动后的效果

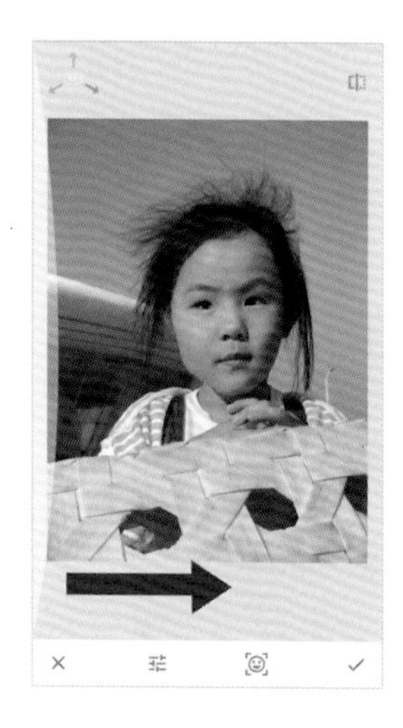

4. 用手指向右滑动，面部表情也会向右移动

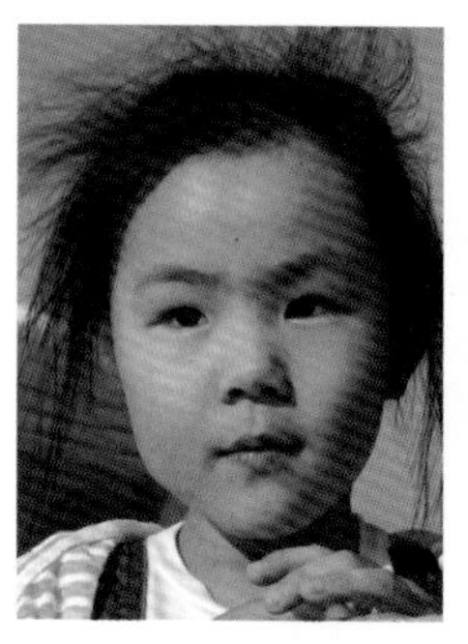

向左移动的效果

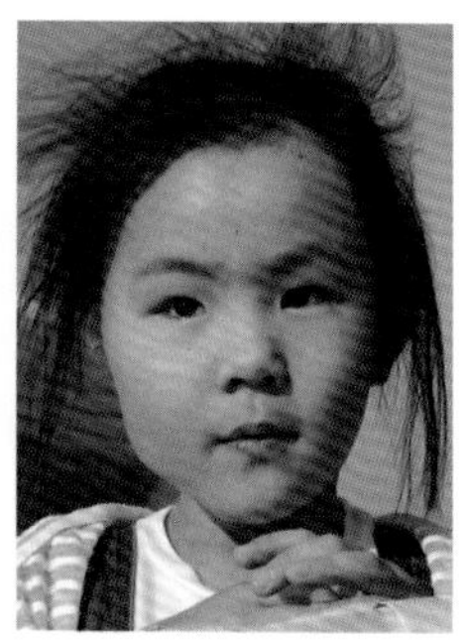

向右移动的效果

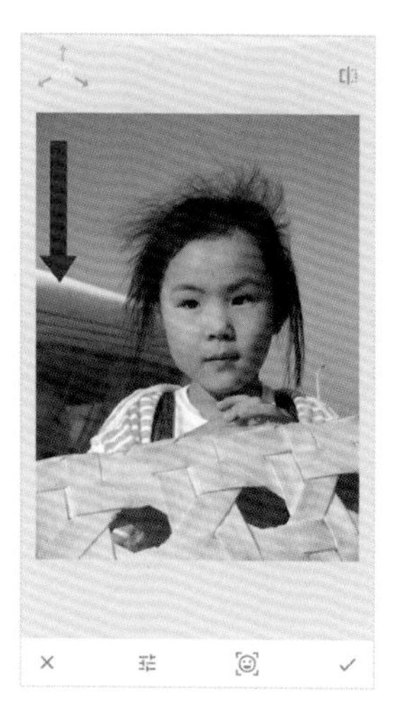

5. 用手指向下滑动，面部表情也会向下移动

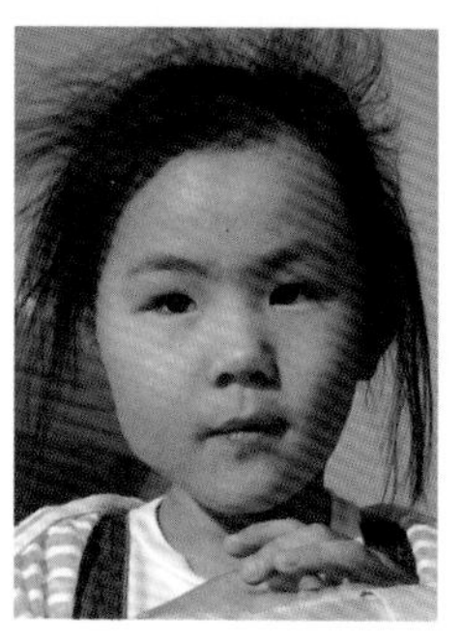

向右移动的效果

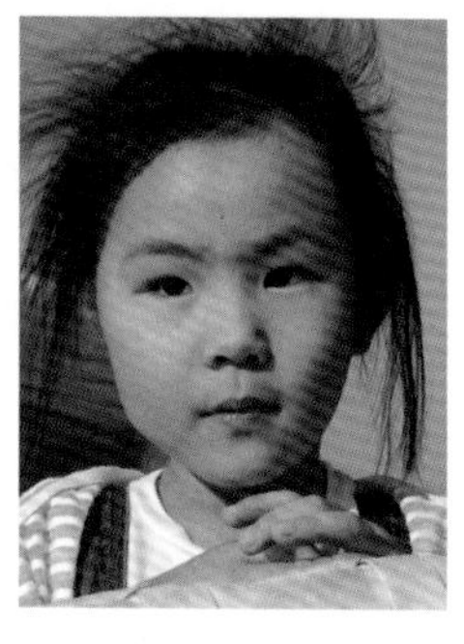

向下移动的效果

6. 用手指向上滑动，面部表情也会向上移动

向下移动的效果

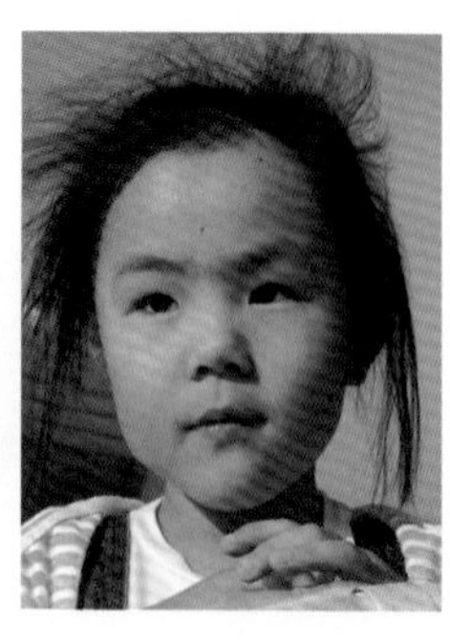

向上移动的效果

调整图标

7. 用手指上下滑动屏幕，导出调整工具栏，或者按下【调整图标】导出调整工具栏，设置【瞳孔大小】的数值

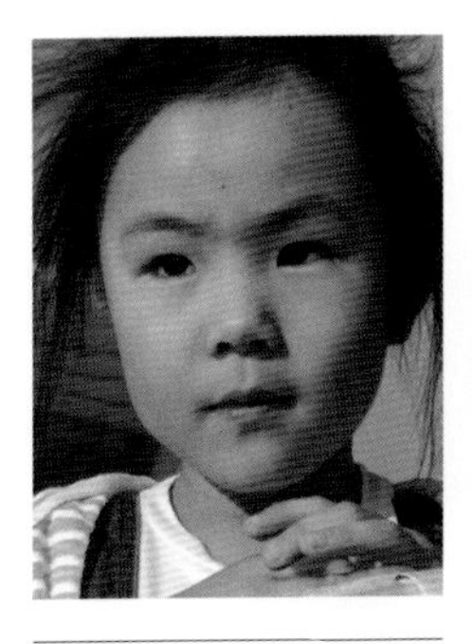

原图中没有调整瞳孔的效果

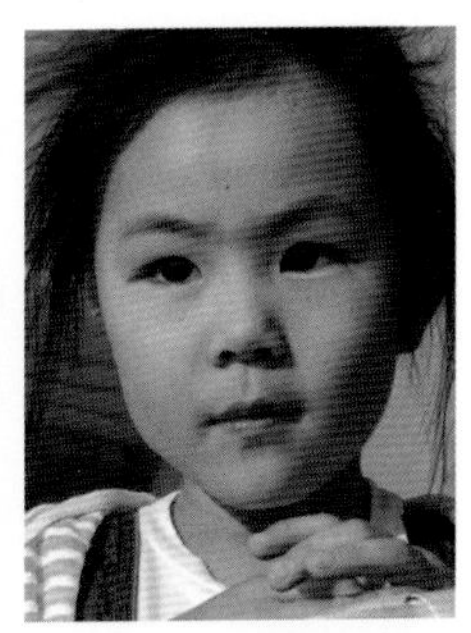

增加瞳孔大小后的效果

8. 选择【笑容】工具，并设置相应的数值

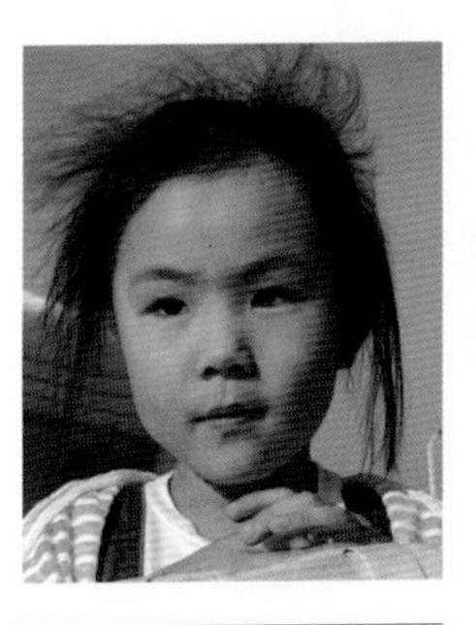

原图中没有调整笑容的效果

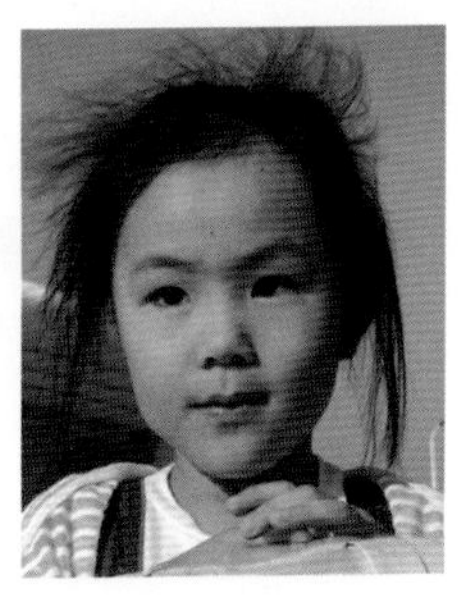

设置【笑容】的数值后，小女孩微笑的效果更加明显

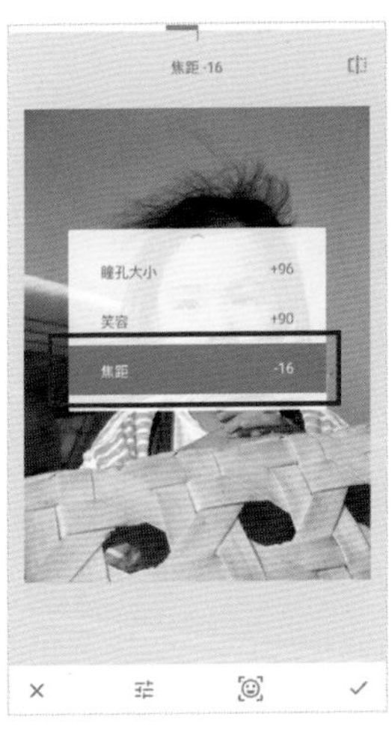

9. 选择【焦距】工具，并设置相应的数值，焦距功能在这里的作用是改变人物脸型的胖瘦

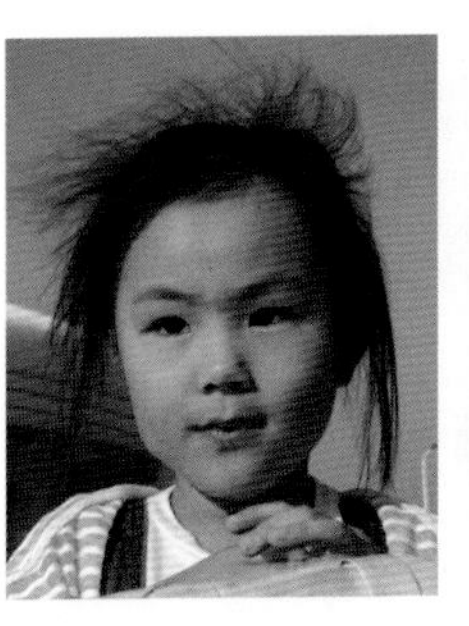

【焦距】值为 -90 的效果，孩子脸型微胖

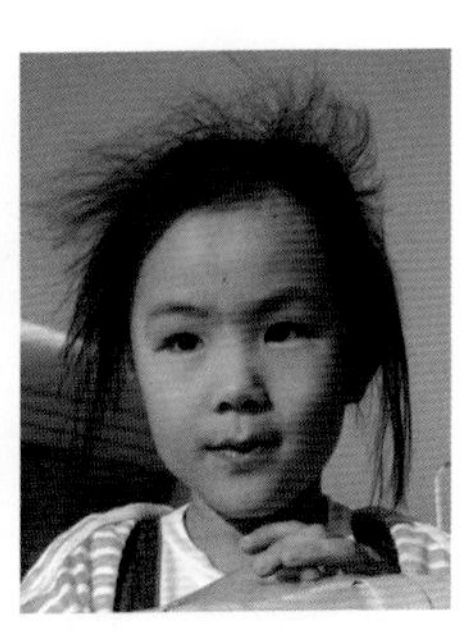

【焦距】值为 +45 的效果，孩子脸型偏瘦

头部姿势

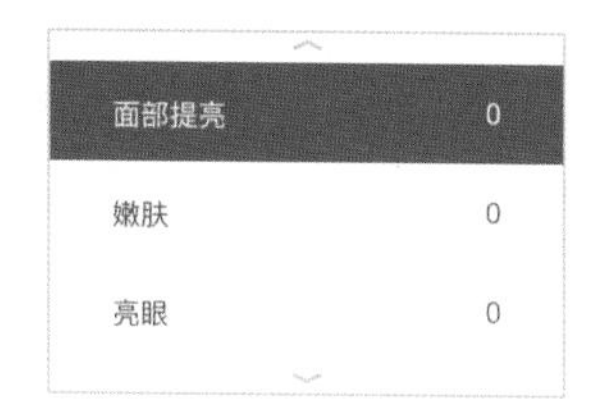

10. 对人物面部表情调整完成后，进入【美颜】工具中

11. 用手指上下滑动屏幕，导出调整工具栏，或者按下【调整图标】导出调整工具栏，对孩子适当进行美颜处理

12. 适当增加【面部提亮】数值

13. 适当增加【嫩肤】数值

14. 可以为孩子选择一款预设的美颜效果，也可以用其他调整工具继续调整

15. 调整效果满意后，点击【导出】，选择【保存】存储照片

PicsArt常规实用功能介绍

PicsArt软件和前面介绍的Snapseed软件一样，也是一款非常实用且非常个性的手机图片编辑后期软件，它拥有丰富的调图功能，比如有剪辑、旋转、RGB通道、视角、边框等这些常见的功能，还有自由剪辑、图形剪辑、拉伸、克隆、分散、调整画质等这些PicsArt软件特有的功能。PicsArt软件，除了可以对照片进行常规的后期处理，还可以制作出十分有个性的画面效果。

本章内容我们将介绍PicsArt软件中一些常规实用功能的使用方法。

9.1 初识PicsArt软件

打开PicsArt软件，我们会看到里面的内容版块很多，除了可以对照片进行编辑处理之外，还可以欣赏到网友拍摄的作品，以及和网友进行互动。不过，我们使用PicsArt软件更多的是使用其出色的修图功能。在界面最下方，点击【加号】图标之后，会弹出【编辑】、【拼贴画】、【画】、【贴纸】等四个选项，点击【编辑】选项，然后选择需要调整的照片，就可以看到它丰富的处理功能了。

下面我们一起来熟悉一下PicsArt软件的界面。

9.1.1 认识PicsArt的界面

1. PicsArt软件的Logo以及开始菜单

● 点击【红色加号】图标

2. 在开始菜单界面，点击【红色加号】图标

● 点击【编辑】图标

3. 按下【加号】图标后，会弹出【编辑】、【拼贴画】、【画】、【贴纸】四个菜单的选择，这里我们需要选择【编辑】菜单

4. 进入【编辑】菜单后，可以看到有【工具】、【效果】、【文本】、【贴纸】、【剪影】等选项

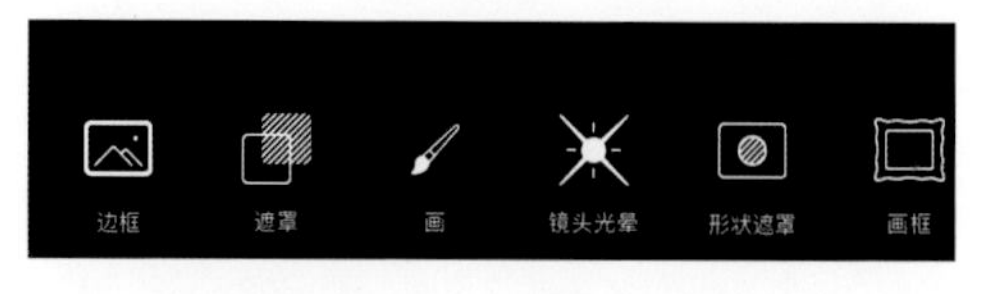

5. 以及【边框】、【遮罩】、【画】、【镜头光晕】、【画框】等功能菜单选项

9.1.2 使用【橡皮擦】功能配合修图

熟悉PicsArt界面之后，我们还要了解一个PicsArt软件中非常重要的功能，那就是【橡皮擦】工具，这个工具类似于蒙版工具，可以对照片进行更为细化的调整。下面我们就先简单介绍一下【橡皮擦】工具。

1. 我们选择进入【调节】工具菜单，为大家举例说明【橡皮擦】的用法

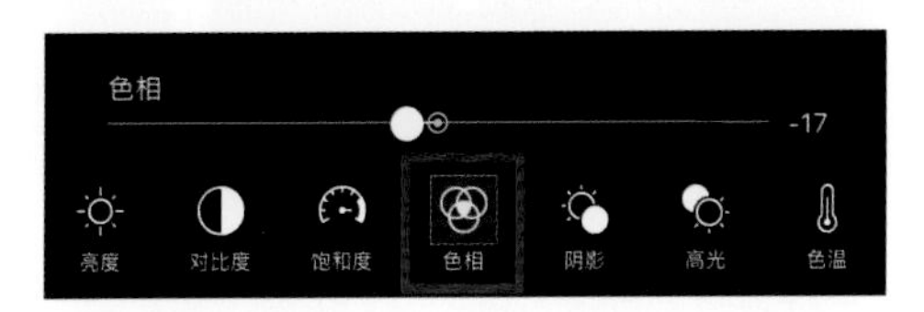

设置画面色相

2. 调整画面的色相，可以看到岸边的颜色更为艳丽，但湖面色彩和天空色彩并没有原图效果好

选择【橡皮擦】工具

3. 可以选择【橡皮擦】工具，将天空和湖面的色相效果擦掉，恢复原图效果，此界面为【橡皮擦】界面，可以看到最下方的不同工具

4. 用【橡皮擦】工具擦除天空和湖面的色相效果

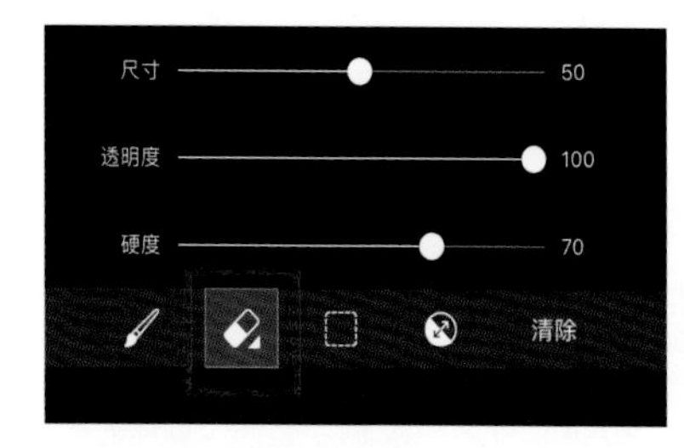

5. 点开【橡皮擦】图标，可以对其尺寸、透明度、硬度进行调整

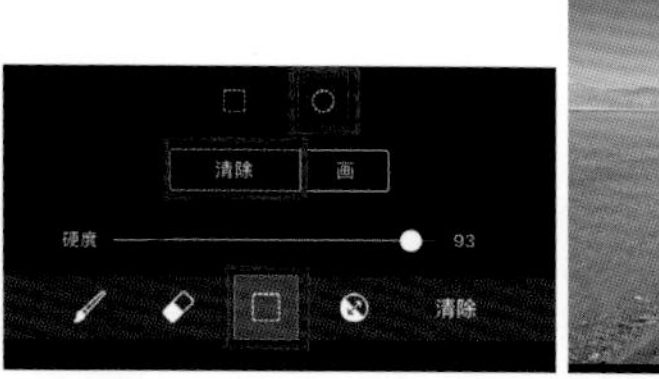

7. 点击【虚线方形】图标，设置成圆形或方形的选择范围，选择【清除】，即可清除选择范围内的色相效果

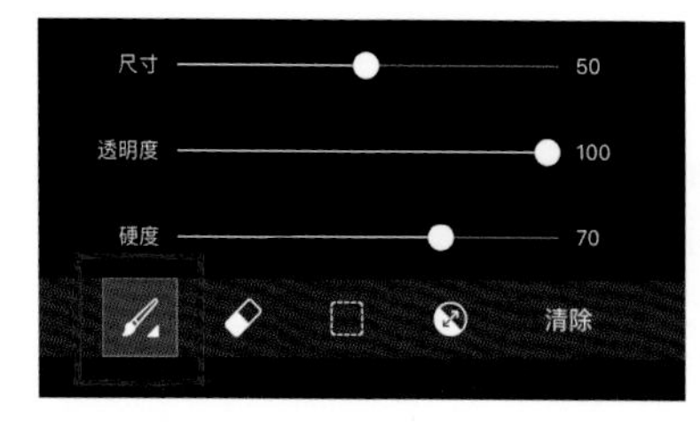

6. 如果使用【橡皮擦】工具擦错位置，还可以选择【画笔】工具，将擦错的位置重新画上调整后的效果，【画笔】工具也可以调整其尺寸、透明度、硬度

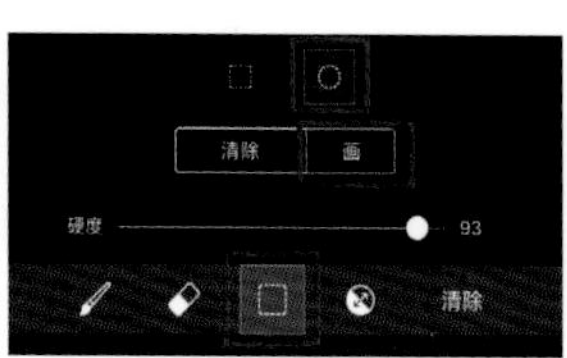

8. 点击【虚线方形】图标，设置成圆形或方形的选择范围，选择【画】，即可恢复选择范围内的色相效果

可切换效果的图标

9. 无论我们是用画笔、橡皮擦、还是方形或是圆形的选择范围，点击红框内的小图标，就可以切换效果区域和擦除后的区域

10. 无论是利用PicsArt软件进行何种修图处理，点击右上角的【预览】图标，即可切换原图效果和修改后的效果

9.2 多种形式的裁剪功能

PicsArt软件的裁剪工具主要有剪辑、自由剪辑、图形剪辑三种，其中，剪辑工具是比较常见的，很多手机图片编辑后期软件都有，而自由剪辑和图形剪辑就是PicsArt软件比较独特的功能了。这三种裁剪工具具体如何使用呢？下面我们就为大家介绍一下。

PicsArt软件的三种裁剪功能

9.2.1 剪辑

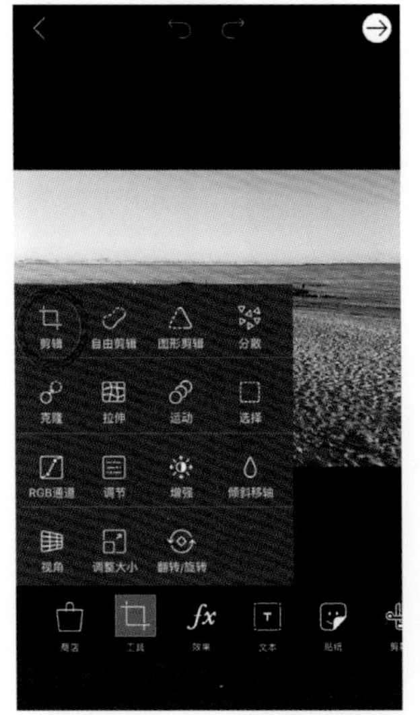

1. 将照片导入PicsArt软件，选择【工具】，弹出上拉菜单后选择【剪辑】

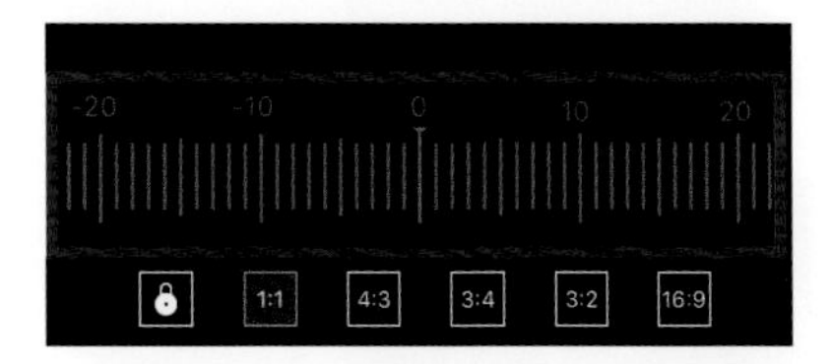

2. 用手指左右滑动光标位置，可以调整画面角度

3. 光标向右移动，在12.75°时的效果

4. 光标向左移动，在-4.75°时的效果

5. 可以手动调整裁剪范围，也可以选择软件预设的裁剪比例

小锁图标

6. 点击【小锁】图标，可以锁定我们自己设置的裁剪范围，缩小或者放大都会按照设置的比例

7. 点击画面上方的比例数值，可以通过调整图像尺寸，来选择裁剪范围

8. 设置图像尺寸时，输入的数值不能大于原图数值

9. 将图像尺寸设置为325×243的裁剪范围

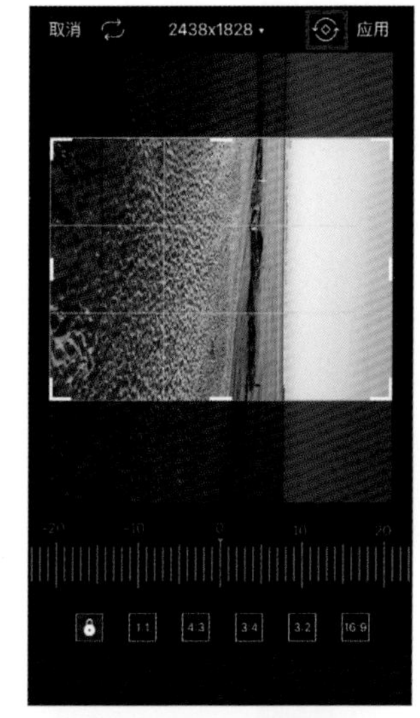

旋转图标

10. 点击【旋转】图标，可以将裁剪范围进行旋转

11. 选择好裁剪范围后，点击【应用】

12. 如果效果满意，点击向右箭头

13. 点击【保存】图标，将照片保存在手机中，也可以点击其他社交软件图标，将其分享到社交网上

9.2.2 自由剪辑

1. 将照片导入PicsArt软件，选择【工具】，弹出上拉菜单后选择【自由剪辑】

【自由剪辑】中的工具

2. 进入【自由剪辑】菜单后，可以看到相应的工具

画笔工具

3. 选择画笔工具，然后对想要裁剪的区域进行涂抹

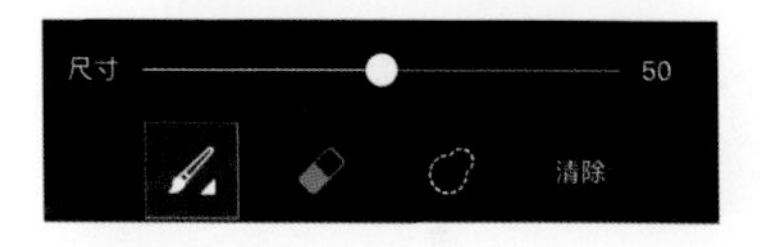

设置画面尺寸大小

4. 点击画笔图标，可以对画笔尺寸大小进行设置

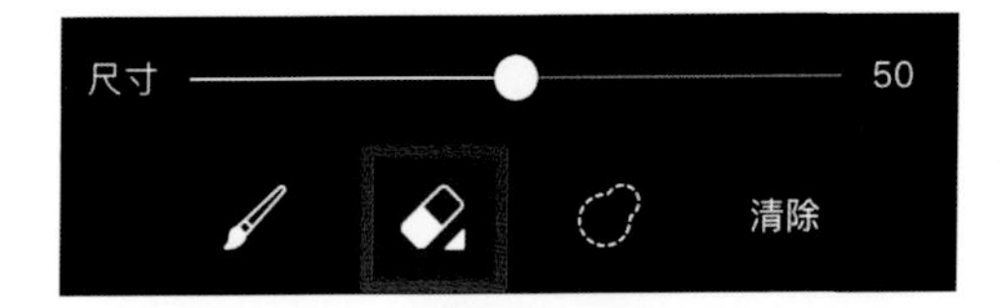

6. 点击【橡皮擦】图标，可以设置橡皮擦尺寸大小

5. 在涂抹过程中，难免会遇到涂抹错误的情况，我们可以选择【橡皮擦】将其擦除

7. 将涂抹错误的区域擦除

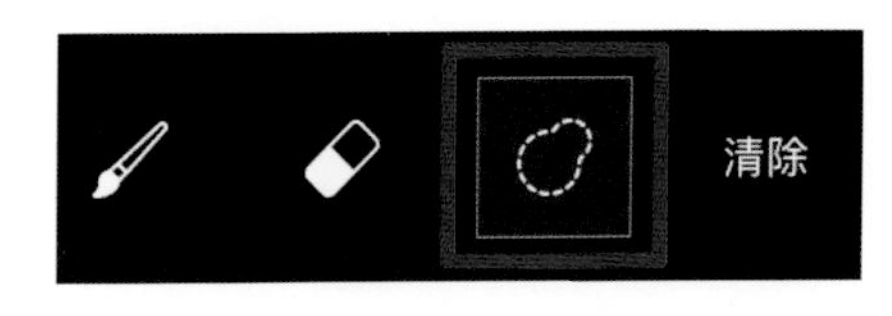

8. 除了用手涂抹裁剪区域外，还可以选择红框内的【虚线】工具，它类似于Photoshop里的套索工具

9. 选择一个套索起点，然后用手指画出裁剪范围

10. 在画出裁剪范围过程中，会有虚线显示

11. 画完裁剪范围后，会出现红色的裁剪区域显示

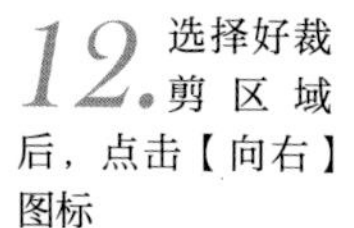

向右图标

12. 选择好裁剪区域后，点击【向右】图标

13. 显示出自由剪辑后的效果

14. 点击【保存】图标，将照片保存在手机中，也可以点击其他社交软件图标，将其分享到社交网上

15. 在保存照片同时，自由裁剪的照片还会保存到【贴纸】工具菜单中

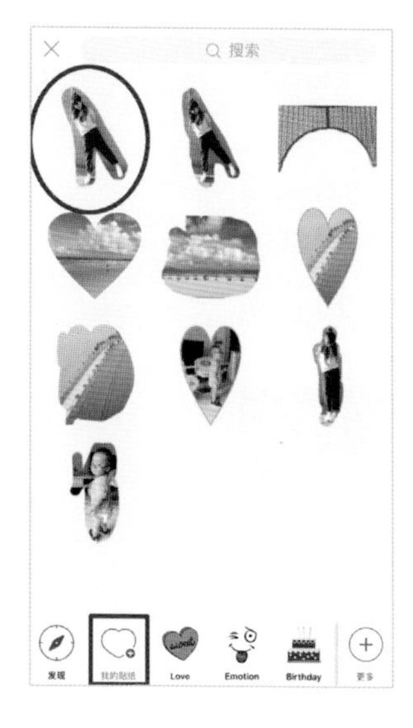

16. 进入贴纸菜单，可以看到自由裁剪的画面

9.2.3 图形剪辑

1. 将照片导入PicsArt软件，选择【工具】，弹出上拉菜单后选择【图形剪辑】

2. 进入【图形剪辑】菜单后，屏幕会出现默认的方形范围，点击图形右下角的小图标，可以放大和改变方形形状

3. 在菜单下方，有很多图形可以选择

冰激凌图形的剪辑范围

苹果图形的剪辑范围

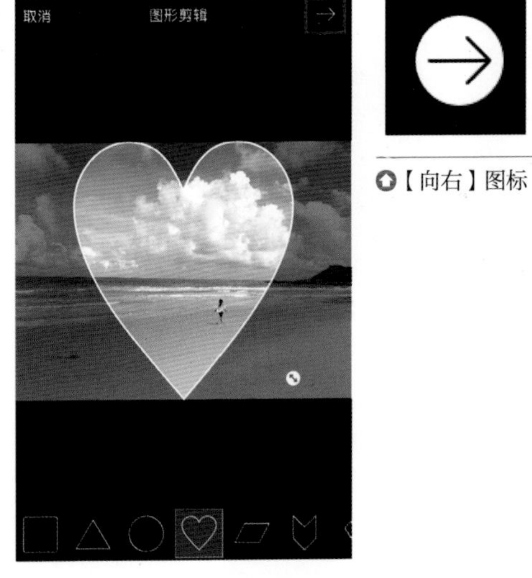

【向右】图标

4. 选择想要的图形，并调整好图形大小，之后点击【向右】图标

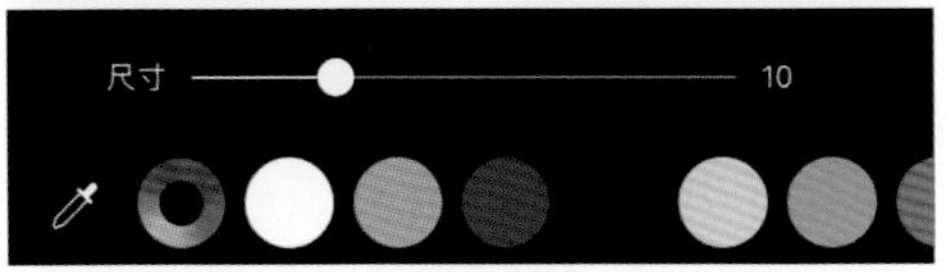

5. 调整尺寸大小，可以调整图形边缘的宽度

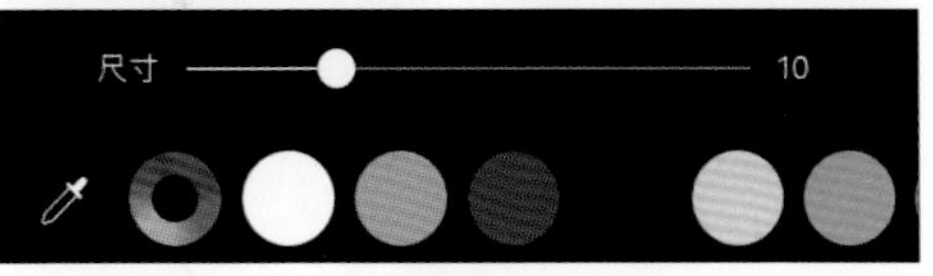

6. 可以设置图形边缘的颜色

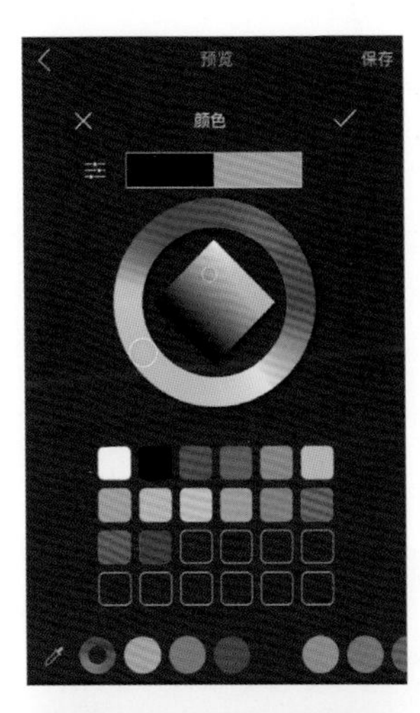

【色轮】图标

7. 如在预设中没有找到想要的颜色，可以选择这个【色轮】图标，选择想要的颜色

8. 在【色轮】图标的菜单中，选择的边框颜色

9. 设置好边框颜色后，保存照片即可

10. 在保存过程中，图形剪辑的画面也会到【贴纸】菜单中

9.3 调整照片的大小和方向

在进行图片后期处理时，如果是单反或是微单相机拍摄的照片，照片尺寸比较大，会占据很大的存储空间，如果是存在手机中，更会占手机的存储空间。此时，我们可以利用PicsArt软件中的调整大小功能，调整照片大小。

另外，如果想要调整照片的方向，可以利用PicsArt软件中的【旋转】工具进行调整。

位置: C:\Users\wenhan\Desktop

大小: 39.7 MB (41,702,952 字节)

占用空间: 39.7 MB (41,705,472 字节)

查看照片大小，可以看到照片有39.7M，会占据较大手机存储空间

9.3.1 调整照片的大小

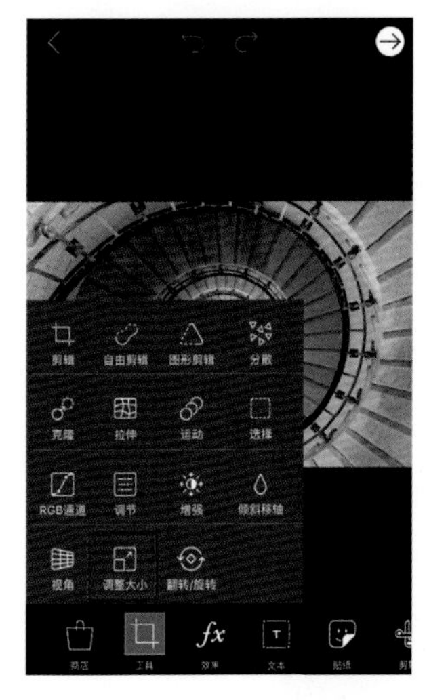

1.将照片导入PicsArt软件，选择【工具】，弹出上拉菜单后选择【调整大小】

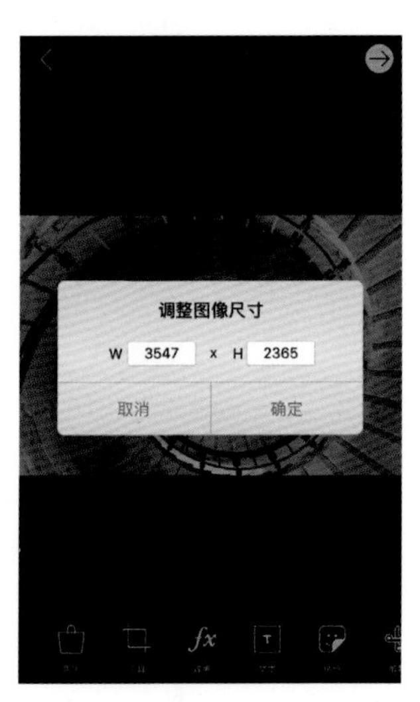

2.进入【调整大小】菜单后，会弹出调整图像尺寸的设置菜单

3.点击数值，可以进行设置

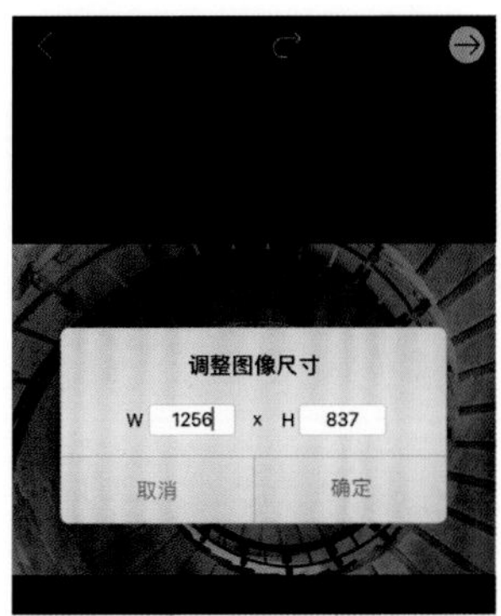

4. 设置W值时，H值会根据图像比例自动生成相应的数值

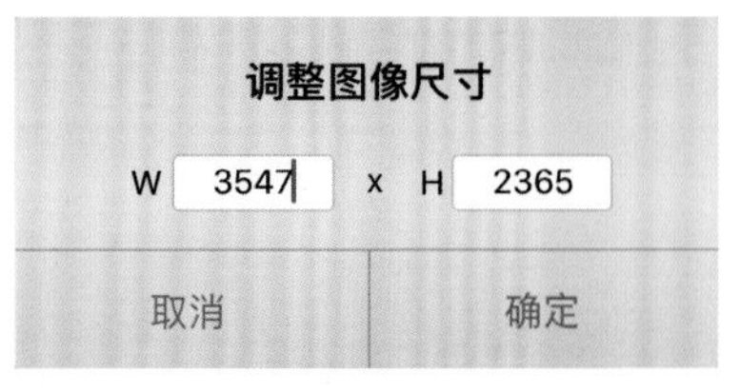

5. 设置好相应的数值，之后点击【确定】键

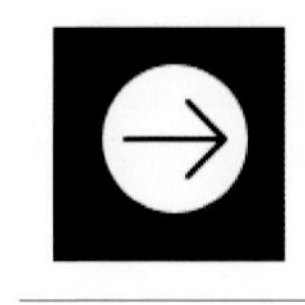

【向右】图标

6. 点击【向右】图标，调整照片大小完成

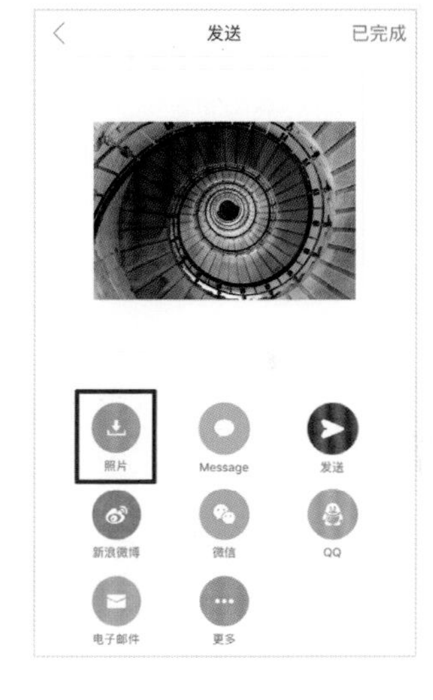

7. 保存照片，或者将照片分享到社交网站

位置： C:\Users\wenhan\Desktop

大小： 2.13 MB (2,238,898 字节)

占用空间： 2.13 MB (2,240,512 字节)

查看照片大小，可以看到照片有2.13M，比原来小了许多

9.3.2 调整照片的方向

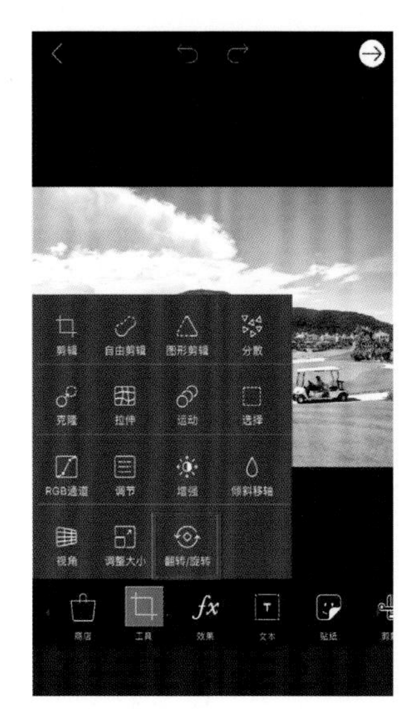

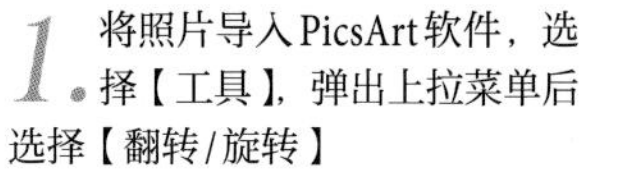

1. 将照片导入PicsArt软件，选择【工具】，弹出上拉菜单后选择【翻转/旋转】

2. 进入【翻转/旋转】菜单，可以看到有不同的旋转方向

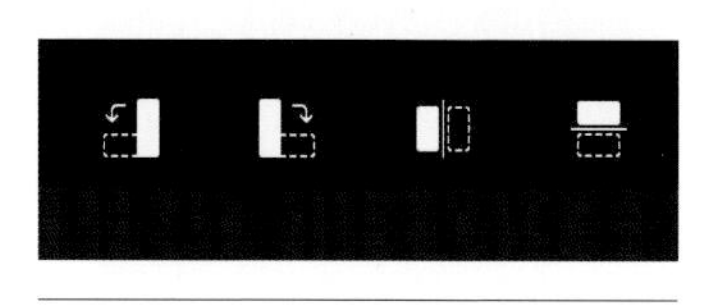

不同旋转方向的选择

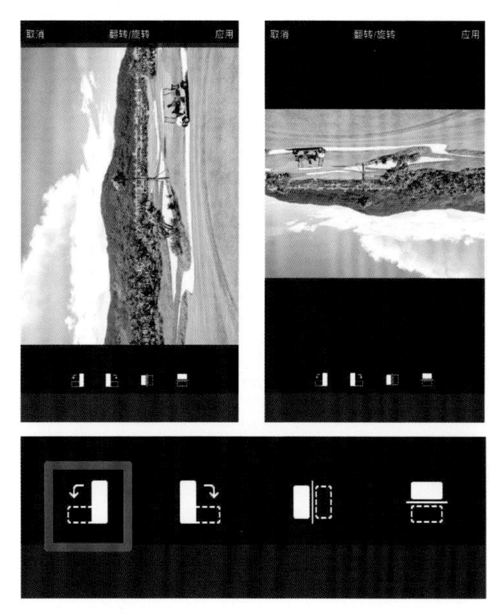

3. 按下【向左旋转】选项，照片会成逆时针旋转

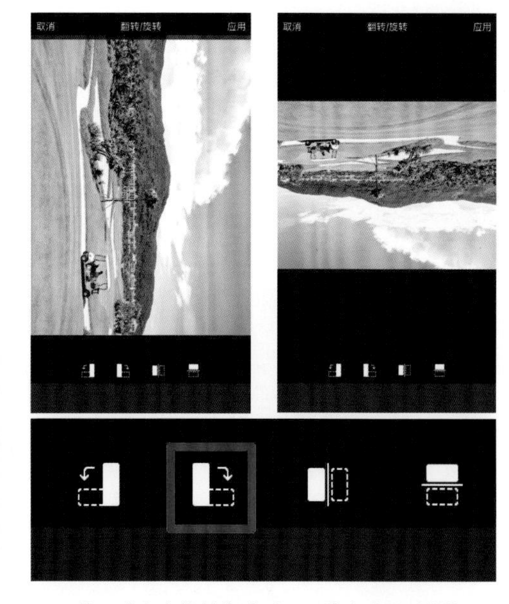

4. 按下【向右旋转】选项，照片会成顺时针旋转

5. 按下【水平翻转】选项，照片会呈现出左右镜像的效果

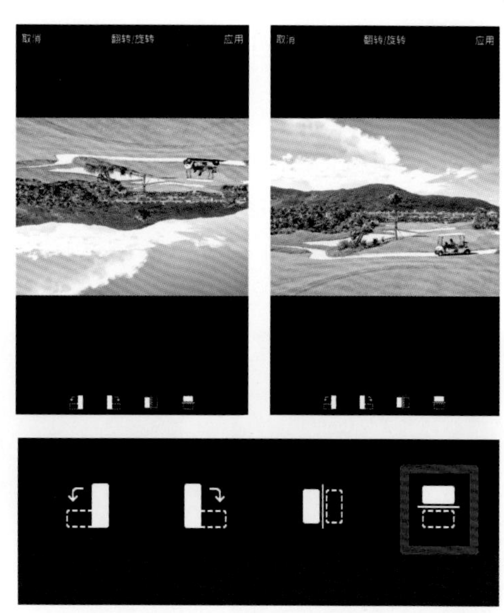

6. 按下【上下翻转】选项，照片会呈现出上下翻转的效果

7. 调整好需要的效果后，点击【应用】键，之后保存照片

8. 点击【照片保存】图标，将照片保存在手机中，也可以点击其他社交软件图标，将其分享到社交网上

9.4 调整照片基础信息的工具

在PicsArt软件中，也有很多调整照片基础信息的工具，这些工具的功能都很强大，实用性也很高，比如【RGB通道】、【调节】、【视角】工具等，其实只要会使用这几种工具，就可以满足我们平时最基本的修图需求，下面为大家介绍一下这些工具。

9.4.1 RGB通道

1. 将照片导入PicsArt软件，选择【工具】，弹出上拉菜单后选择【RGB通道】

2. 进入【RGB通道】菜单后，画面下方会出现曲线工具

3. 点击圆形的【红绿蓝三原色】图标，会出现下拉选项，可以对红、绿、蓝三种颜色的曲线进行设置，具体调整应用与Snapseed中的曲线一样

4. 根据需求，调整RGB曲线

5. 调整红色曲线

6. 调整绿色曲线

7. 调整蓝色曲线

8. 综合所有曲线，调整出的效果

9. 效果满意后，即可保存照片

10. 点击【照片保存】图标，将照片保存在手机中，也可以点击其他社交软件图标，将其分享到社交网上

9.4.2 调节

1. 将照片导入PicsArt软件，选择【工具】，弹出上拉菜单后选择【调节】

2. 在【调节】菜单中，有亮度、对比度、饱和度、色相、阴影、高光、色温这7种调整工具

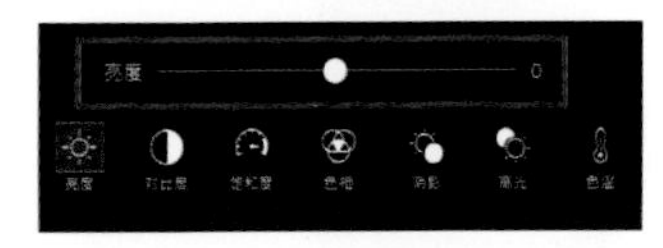

点击不同工具，会出现相应的调整条

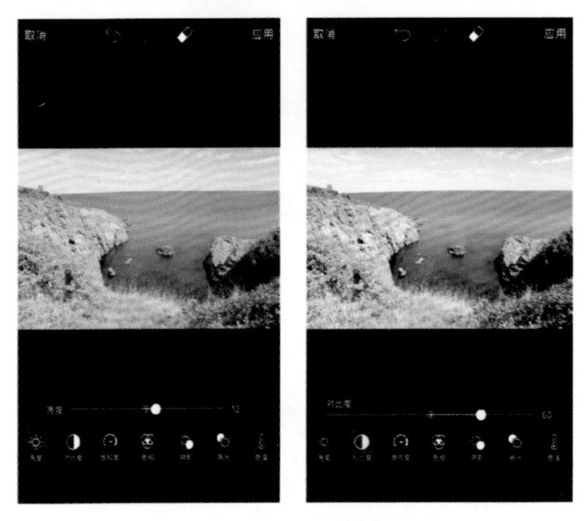

3. 根据具体的画面情况，我们先将亮度值增加到+12，然后增加对比度值到+50

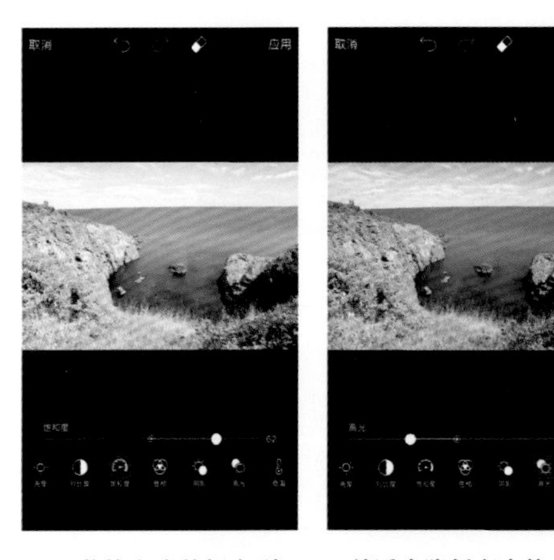

4. 将饱和度值提高到+62，并适当降低高光值，让天空呈现更多细节，这里将高光值设置为-45

5. 效果满意后即可保存照片

6. 可以保存照片，也可以将照片分享到社交网站上

9.4.3 增强

1.将照片导入PicsArt软件，选择【工具】，弹出上拉菜单后选择【增强】

2.进入增强工具后，软件会默认将画面清晰度值和饱和度值提高

3.根据画面需要，适当调整清晰度值

4.根据画面需要，适当调整饱和度值

向右图标

5.调整完成后，点击【向右】图标，保存照片

6.保存照片，或将照片分享到微信、新浪微博、QQ等社交平台上

9.4.4 视角

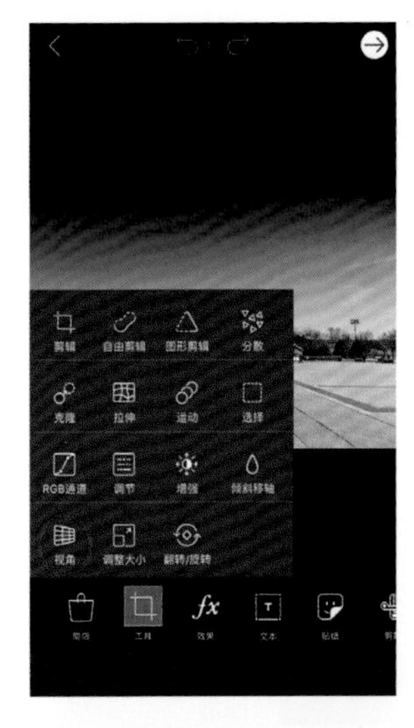

1. 将照片导入PicsArt软件，选择【工具】，弹出上拉菜单后选择【视角】

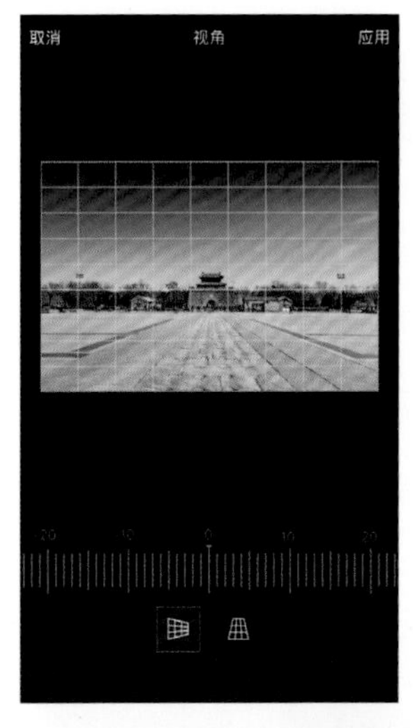

2. 进入【视角】菜单中，可以看到有左右水平角度的调整和上下垂直角度的调整

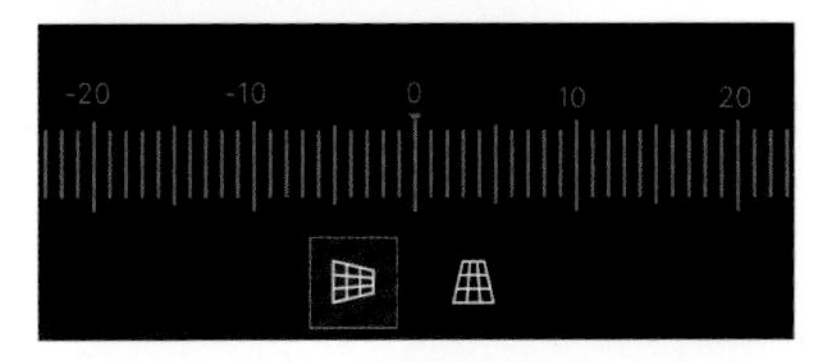

3. 选择左右水平角度的调整

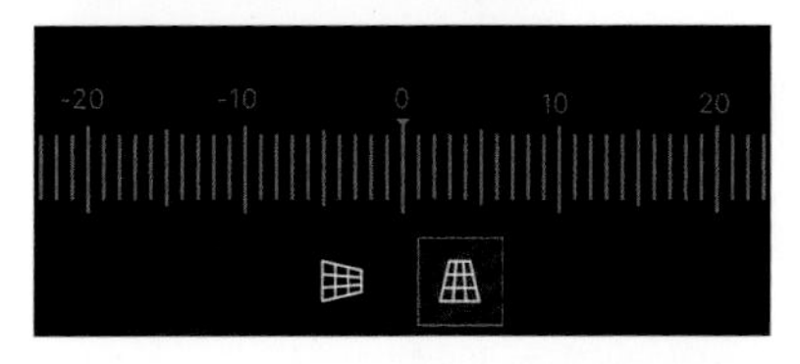

6. 选择上下垂直角度的调整

4. 在水平角度调整模式下，光标在-13.69°时的效果

5. 在水平角度调整模式下，光标在12.63°时的效果

7. 在上下垂直角度调整模式下，光标在-17.94°时的效果

8. 在上下垂直角度调整模式下，光标在19.25°时的效果

9. 效果满意后即可保存照片

10. 可以保存照片，也可以将照片分享到社交网站上

9.5 倾斜移轴功能

PicsArt软件中的【倾斜移轴】功能就是其他图片编辑后期软件中常见的模糊虚化功能，【倾斜移轴】工具除了可以对杂乱的背景做虚化处理，还可以制作出移轴镜头拍摄的效果，如同微缩景观一样非常有趣。下面我们就分别介绍一下【倾斜移轴】工具可以制作出的这两种效果。

9.5.1 移轴效果

1. 将照片导入PicsArt软件，选择【工具】，弹出上拉菜单后选择【倾斜移轴】

2. 进入【倾斜移轴】菜单后，画面会显示出默认的模糊范围

3. 用单指滑动空白处，可以移动选择区域

4. 用两手指在屏幕上做伸缩的动作，可以扩大与缩小清晰区域的范围

5. 单指向上滑动虚线，可以扩大过渡区域的范围

6. 单指向下滑动虚线，可以缩小过渡区域的范围

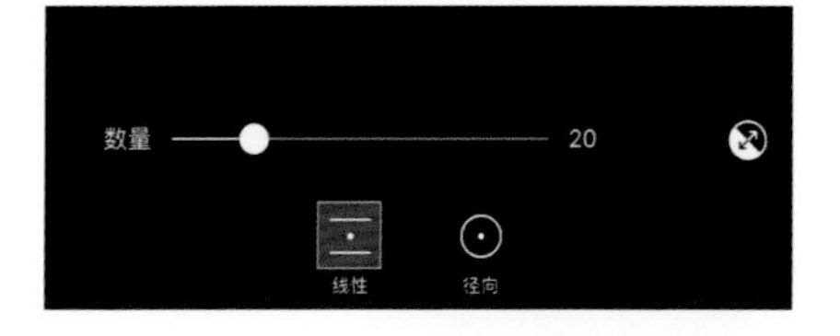

7. 调整数量值，可以增加或者减弱虚化程度

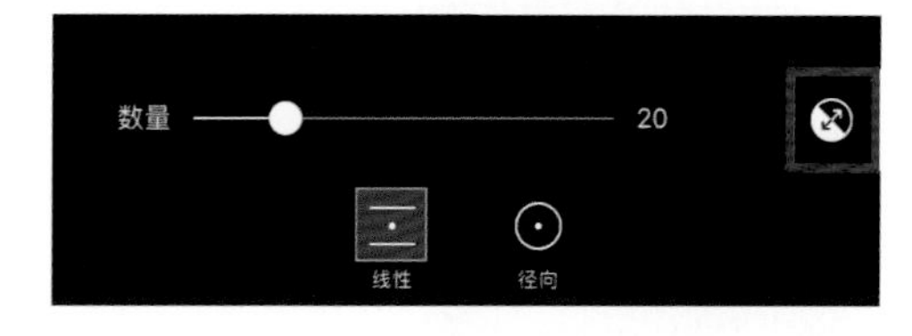

10. 点击红框内的小图标，可以对模糊区域进行反选

8. 数量值为 3 的虚化效果

9. 数量值为 50 的虚化效果

11. 点击红框内的图标，模糊区域反选，可以看到中间区域变得模糊，而上下区域变得清晰

12. 再次按下红框内的图标，恢复正常虚化效果

13. 查看移轴效果，画面犹如微缩景观一样有趣

14. 最后保存照片，或将照片分享到社交网站上

9.5.2 虚化背景效果

1. 将照片导入PicsArt软件，选择【工具】，弹出上拉菜单后选择【倾斜移轴】

2. 进入【倾斜移轴】菜单后，画面会显示出默认的模糊方式和模糊范围

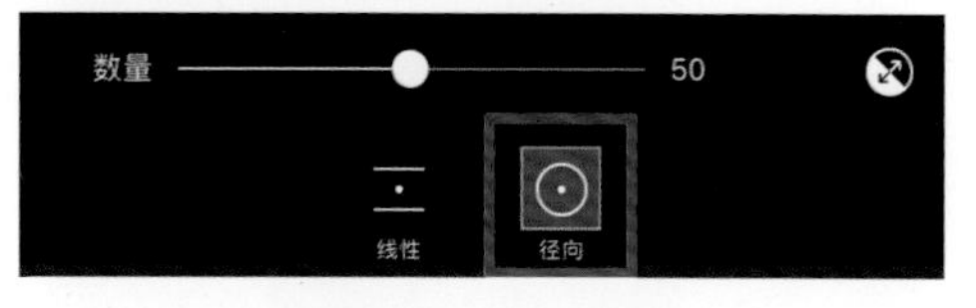

3. 选择【径向】模式，可以更好地做背景虚化处理

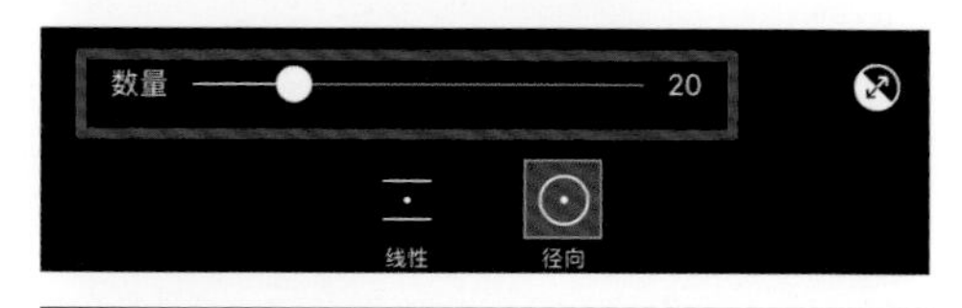

将模糊区域的数值设置为20

4. 单指滑动虚线，可以调整过渡区域的大小，两手指在屏幕上做伸缩的动作，可以扩大与缩小清晰区域的范围

5. 安排好模糊区域后，设置模糊区域的数值，这里我们设置为20

6. 点击【橡皮擦】工具

7. 由于模糊范围是圆形的，与人物主体范围有很大差距，所以先考虑虚化掉背景景物，主体被错误模糊处理之后，可以利用【橡皮擦】工具将模糊效果擦除

8. 将人物脸部的模糊效果擦除

9. 模糊效果满意后，即可保存照片

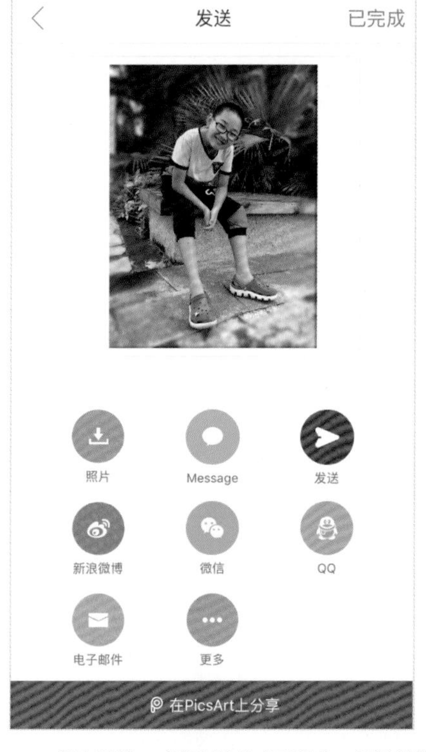

10. 保存照片，或将照片分享到微信、新浪微博、QQ等社交平台上

第 10 章

用 PicsArt 软件为画面添加各种有趣的元素

在对照片进行后期编辑时，有很多人喜欢添加一些元素信息，比如为照片添加不同的边框，或是写上一两句话加在画面中，或是添加一些光晕效果等，这些添加需求我们都可以通过 PicsArt 软件来实现。

在 PicsArt 软件中，有添加文本、贴纸、边框、镜头光晕、画框、插图编号等工具，下面我们介绍一下这些工具的使用方法。

10.1 文本

PicsArt软件中的【文本】工具，可以为画面添加一些文字信息，用于记录拍摄地点、事件内容等信息，还可以配上一些名言名句，让画面更有文艺气息。

1. 将照片导入PicsArt软件中，点击【文本】工具

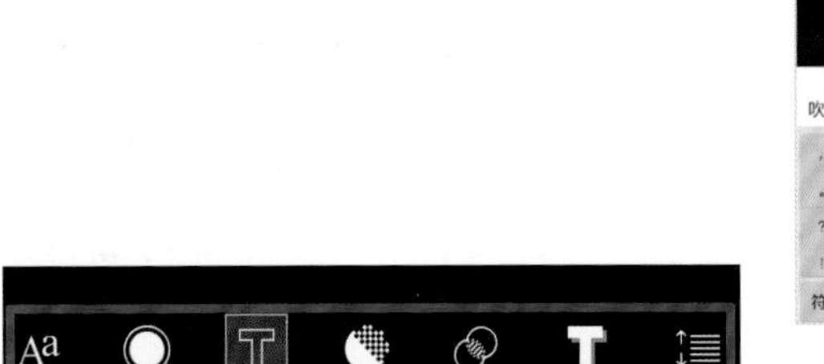

4. 在界面下方，还可以对文字进行【字体】、【颜色】、【描画】、【透明度】、【混合】、【阴影】、【间距】的设置

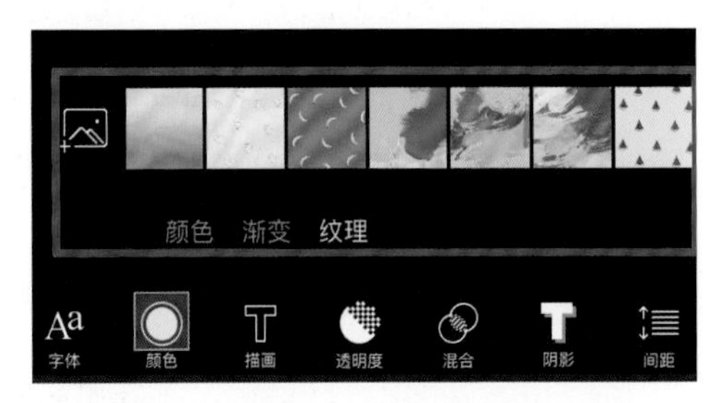

5. 选择某一设置项，可出现详细设置的工具栏

【文本】工具

添加文字后的效果

2. 点击【文本】工具后，便可以输入文字信息

3. 文字显示在画面中，可以通过红框内的功能键，调整文字角度以及显示大小

6. 完成相应的设置后，字体所显示的效果

7. 将文字放在适合的位置，然后保存画面

10.2 贴纸

PicsArt软件的【贴纸】工具，可以为照片添加很多有意思的图像贴纸，也可以添加我们自己编辑收藏的贴纸，这种【贴纸】工具通常很受女生喜欢。

添加贴纸后的效果

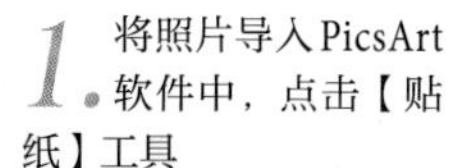

【贴纸】工具

1. 将照片导入PicsArt软件中，点击【贴纸】工具

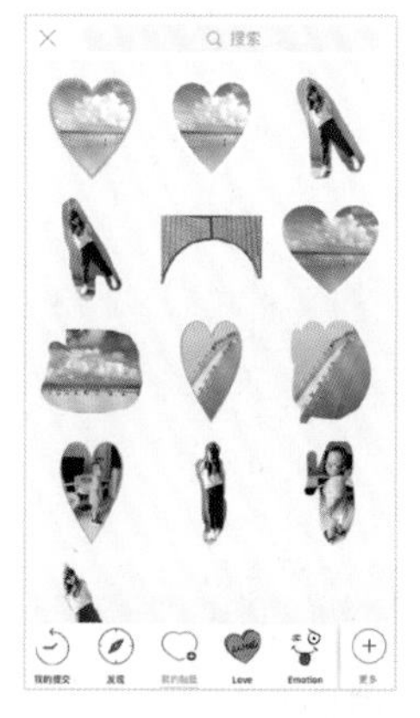

2. 在【我的贴纸】中，可以看到我们之前编辑收藏的照片

3. 【贴纸】工具菜单中，有多种不同风格和类型的贴纸，有免费的也有付费的，点击某一贴纸即可应用

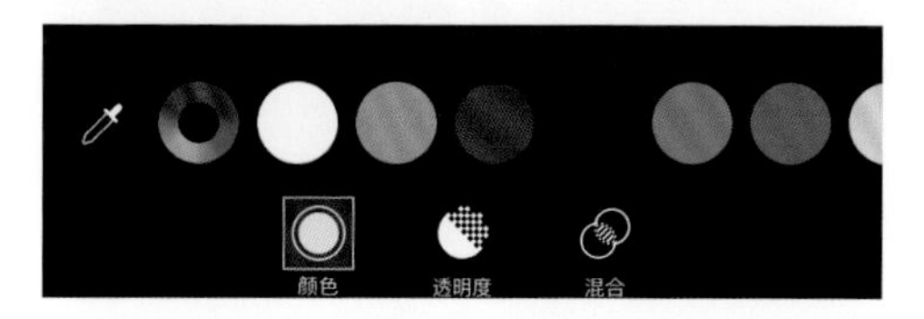

4. 选择好某一贴纸后，可以对其颜色进行设置

5. 对贴纸的透明度进行设置

7. 通过红框内的功能键，调整贴纸角度以及显示大小

6. 对贴纸的混合模式进行设置

8. 将贴纸移动在适合的位置，然后保存照片

10.3 边框

PicsArt软件中的【边框】工具和Snapseed软件中的【相框】工具是一样的，其作用都是为照片添加相框，使照片显得更有格调，让观者的视线更加集中。

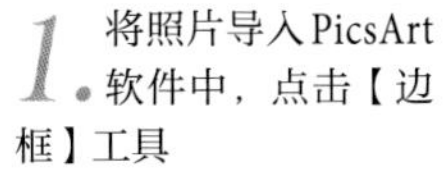

【边框】工具

1. 将照片导入PicsArt软件中，点击【边框】工具

添加边框后的效果

2. 进入【边框】设置界面，可以选择【里面】进行设置

3. 也可以选择【外】进行设置

4. 调整【外】中的外部数值、内部数值、半径数值

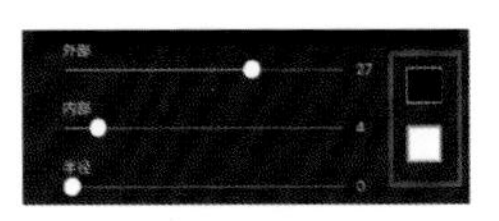

6. 点击外部或者内部的颜色图标

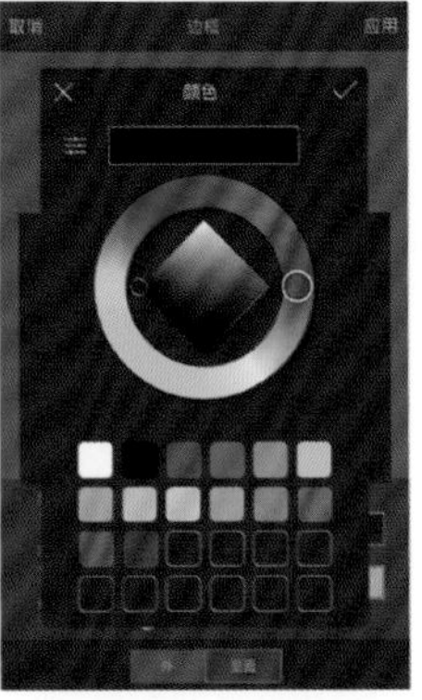

5. 调整【里面】中的外部数值、内部数值、透明度数值

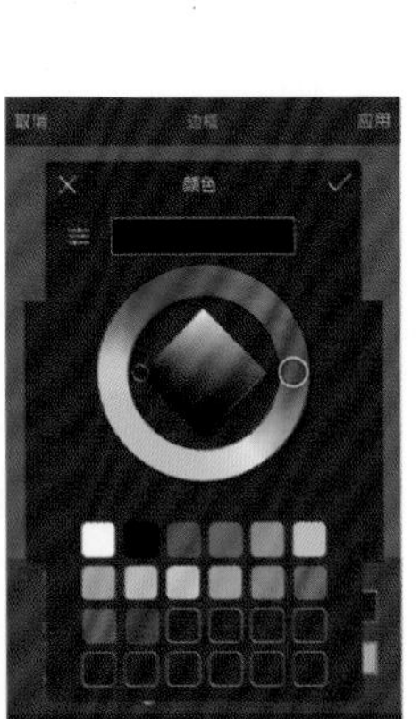

7. 设置边框的颜色

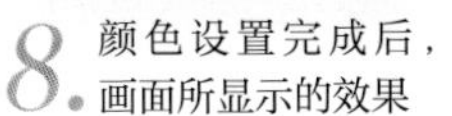

8. 颜色设置完成后，画面所显示的效果

9. 调整边框的数值后，保存照片

10.4 添加照片

【添加照片】工具可以将多张照片放在一个画面内，比如外出旅行时，可以将旅行中的系列照片放在一起，让画面更有故事性，人们欣赏起来，内容更显连贯。

【添加照片】工具

利用【添加照片】工具将多张照片组合在一起的效果

1. 选择一张照片作为底板，可以是游玩时的照片，也可以是纯白色的画面，之后点击【添加照片】工具

4. 点击其中一张照片，就可以对照片进行基本信息的调整

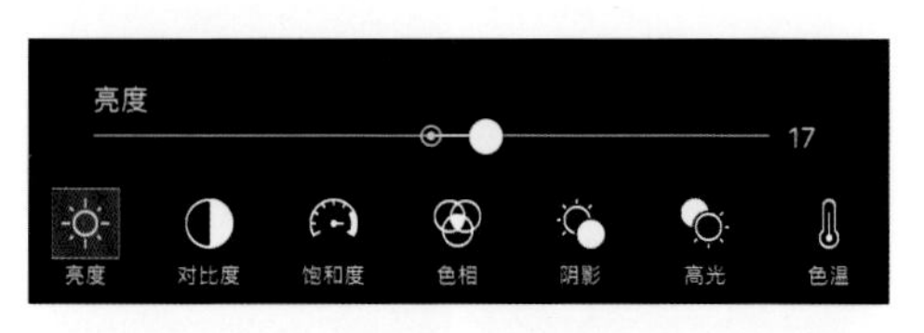

5. 可以对选中的照片进行亮度、对比度、饱和度、色相、阴影、高光、色温的调整

2. 点击【添加照片】工具后弹出手机相册，选择多张照片，最多可选择10张

3. 点击【ADD】键，将多张照片导入PicsArt软件中

6. 对每张照片进行大小、角度和位置的调整

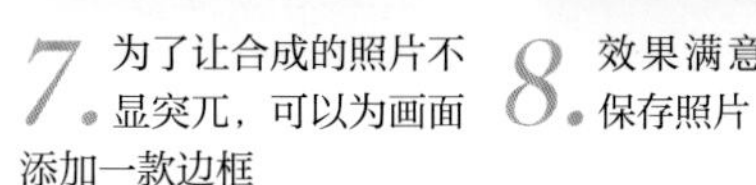

7. 为了让合成的照片不显突兀，可以为画面添加一款边框

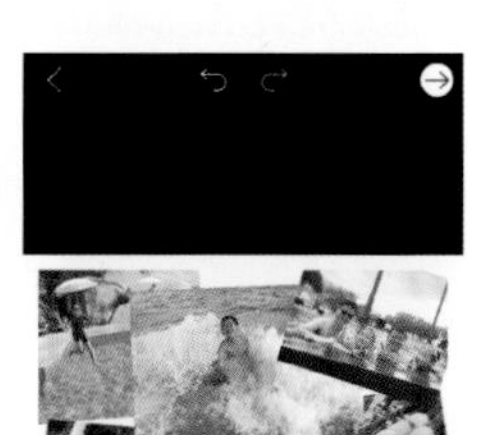

8. 效果满意后，即可保存照片

10.5 背景

在后期编辑时，如果我们想要为照片添加背景，可以利用PicsArt软件中的【背景】工具进行添加。

添加背景后的效果

【背景】工具

1. 将照片导入PicsArt软件中，点击【背景】工具

2. 进入【背景】工具界面，有颜色、背景、图像这三种背景菜单

3. 每一款背景菜单中，都有多种背景效果

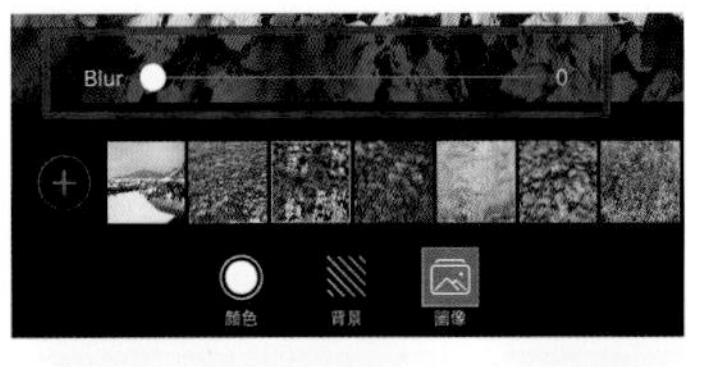

调整Blur的数值

设置背景的比例

4. 选择图像背景菜单时，可以调整Blur的数值，对背景进行模糊程度的调整

5. 根据需要，设置背景的比例，效果满意后，保存照片

10.6 遮罩

PicsArt软件的【遮罩】工具，可以为画面添加许多渲染气氛的遮罩效果，是一款非常实用的工具，下面我们就来了解一下它。

添加遮罩后的效果

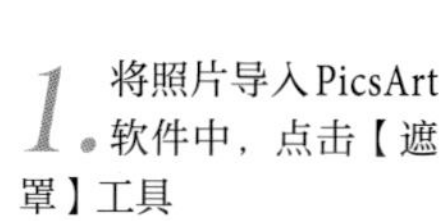

【遮罩】工具

1.将照片导入PicsArt软件中，点击【遮罩】工具

2.进入【遮罩】工具界面后，可以看到有【光】、【虚化】、【边框】、【材质】、【艺术效果】五种选择，我们先选择【光】

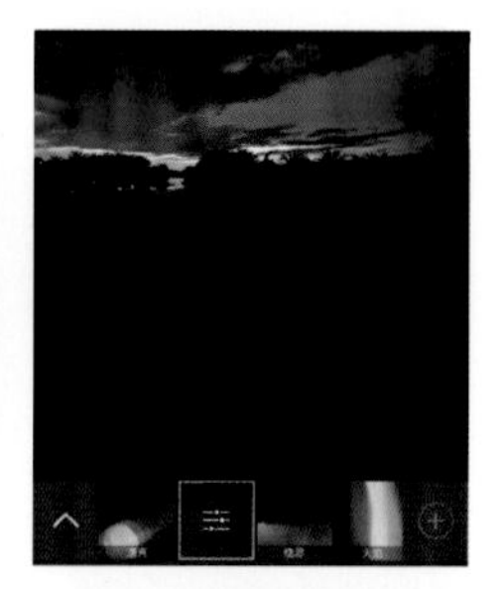

3.在【光】中，可以看到有多种绚丽的效果，选择适合的一款

4.点击效果图标

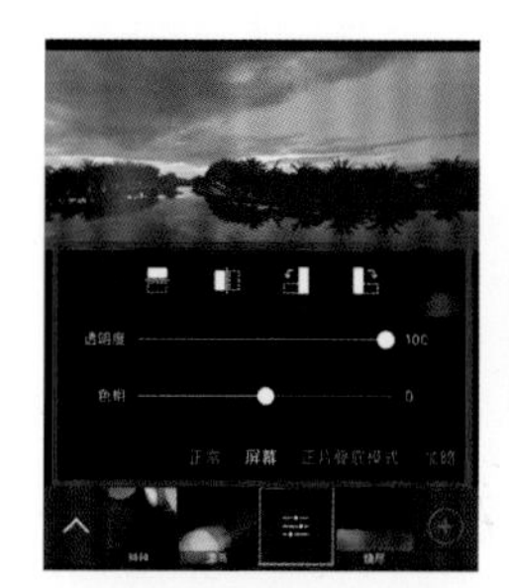

5.点击效果图标后，会弹出对效果进行调整的工具栏

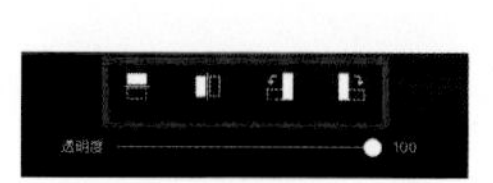

6.点击红框内的工具，设置遮罩效果的不同方位

7.遮罩效果的方位发生了变化

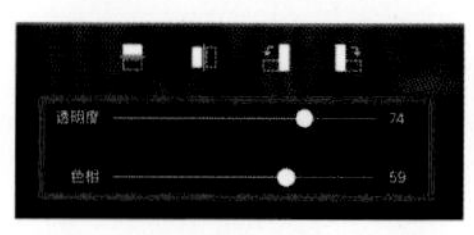

8.通过透明度、色相两个工具，调整遮罩效果

9.遮罩效果的色相以及透明度发生了变化

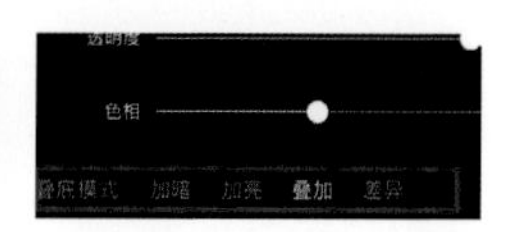

10.设置遮罩与原图的混合方式

11.调整完成后，所展现出的画面效果

12. 选择【虚化】

13. 在【虚化】中，选择一款适合的效果

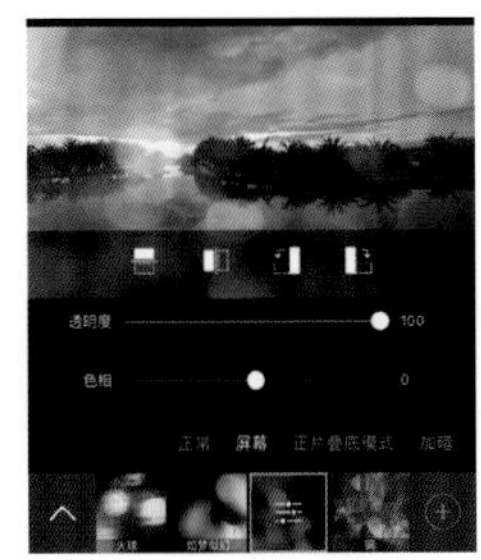

14. 点击效果图标后，会弹出对效果进行调整的工具栏

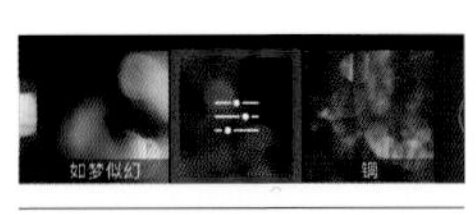

点击效果图标

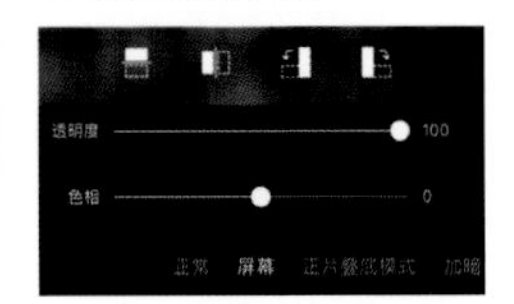

15. 根据需要对遮罩效果的方位、透明度、饱和度、混合方式进行设置

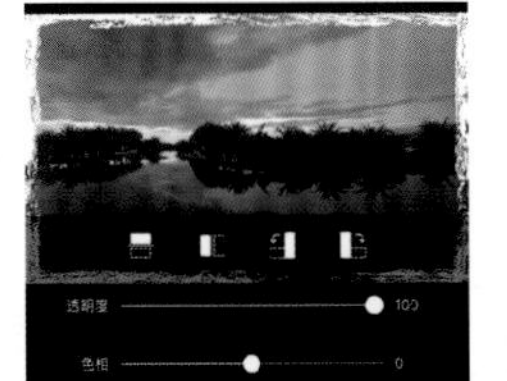

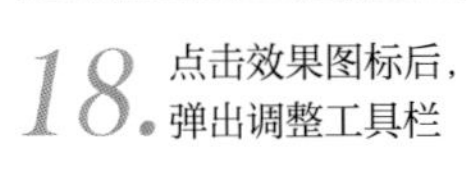

16. 选择【边框】

17. 在【边框】中，选择一款适合的效果

18. 点击效果图标后，弹出调整工具栏

点击效果图标

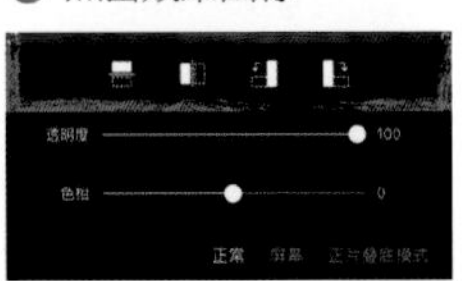

19. 根据需要对遮罩效果的方位、透明度、饱和度、混合方式进行设置

20. 选择【材质】

21. 在【材质】中，选择一款适合的效果

22. 点击效果图标后，弹出调整工具栏

点击效果图标

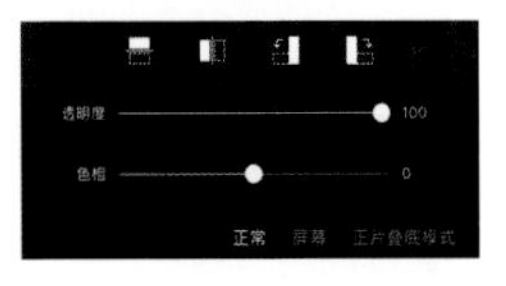

23. 根据需要对遮罩效果的方位、透明度、饱和度、混合方式进行设置

24. 选择【艺术效果】

25. 在【艺术效果】中，选择一款适合的效果

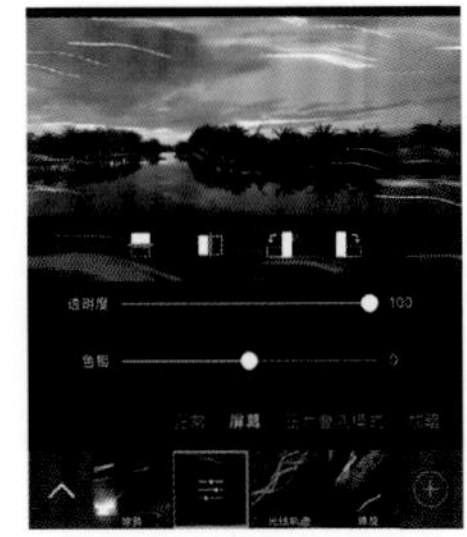

26. 点击效果图标后，弹出调整工具栏

点击效果图标

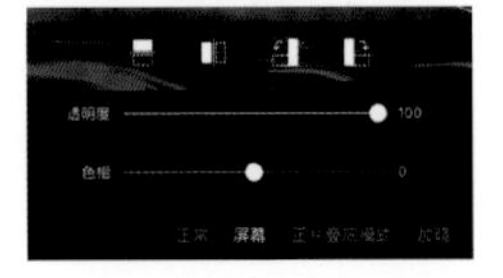

27. 根据需要对遮罩效果的方位、透明度、饱和度、混合方式进行设置

10.7 镜头光晕

在进行摄影创作时，有时我们会避免光晕效果，因为它会减弱画面的清晰度，但有时又需要这种效果，因为光晕效果会增加画面的气氛和艺术性。在使用PicsArt软件时，我们可以通过【镜头光晕】工具为画面人为地添加上这种光晕效果。

添加镜头光晕后的效果

1. 将照片导入PicsArt软件中，点击【镜头光晕】工具

【镜头光晕】工具

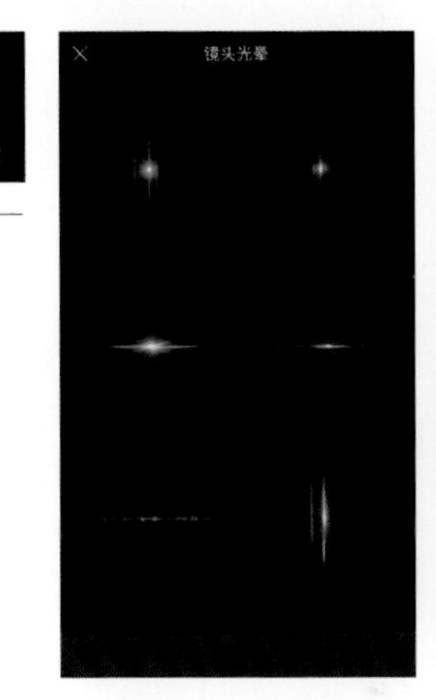

2. 进入【镜头光晕】菜单，可以看到有多种光晕效果

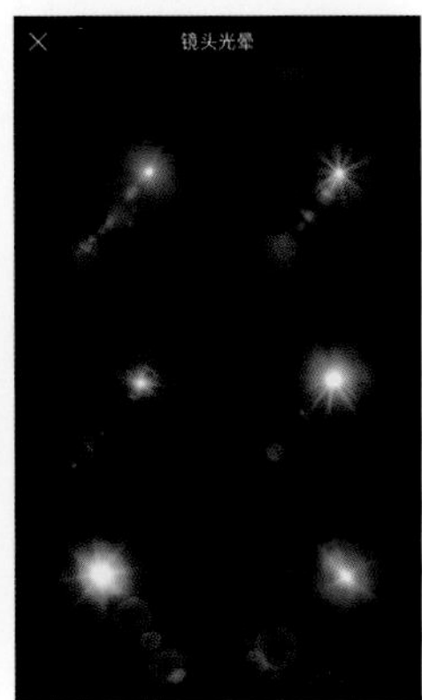

3. 用手指滑动屏幕，可以看到有更多绚丽的效果

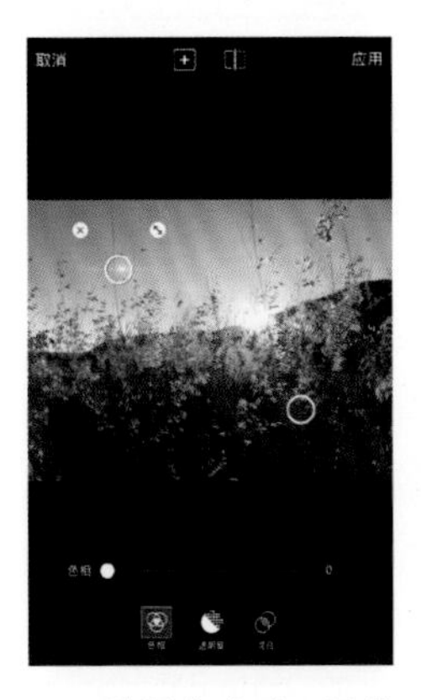

4. 选择完成后，呈现在画面中的效果

5. 适当调整光晕效果的大小，使光晕与画面更搭

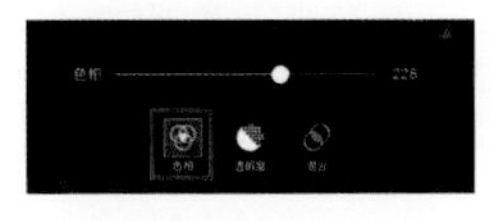

调整透明度值

调整色相值

调整混合方式

6. 对光晕效果进行色相、透明度、混合的调整

7. 效果调整满意后，保存照片

10.8 形状遮罩

【形状遮罩】也是PicsArt软件中非常有趣的一种添加工具，在【形状遮罩】的菜单里，有多种图形供我们选择。

【形状遮罩】工具

1. 将照片导入PicsArt软件中，点击【形状遮罩】工具

【背景颜色】图标

4. 点击【背景颜色】图标，可设置背景的颜色

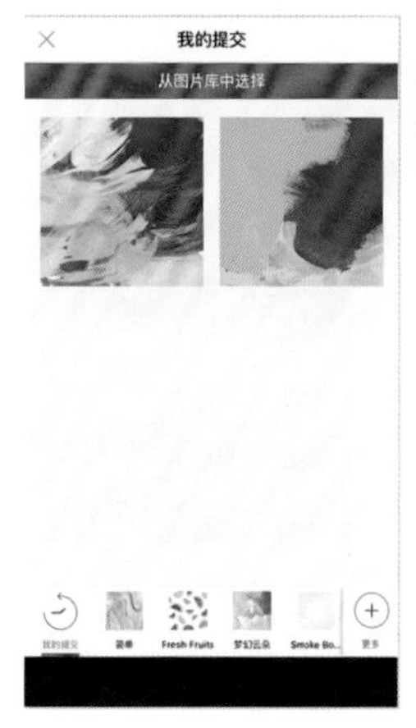

【背景图案】图标

7. 点击【背景图案】图标，可设置背景的图案

添加形状遮罩后的效果

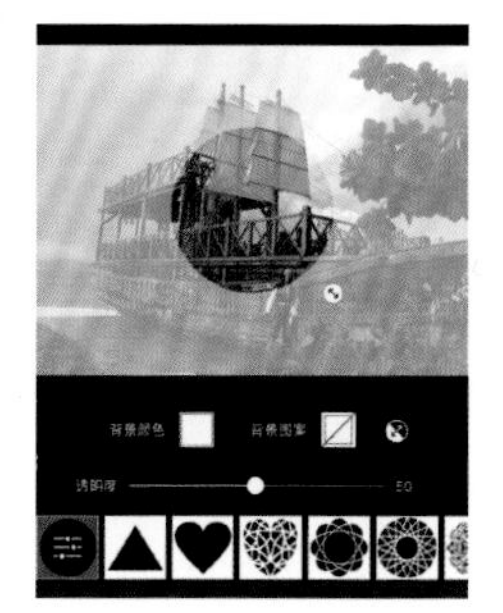

2. 进入形态遮罩菜单后，系统默认为圆形的遮罩效果

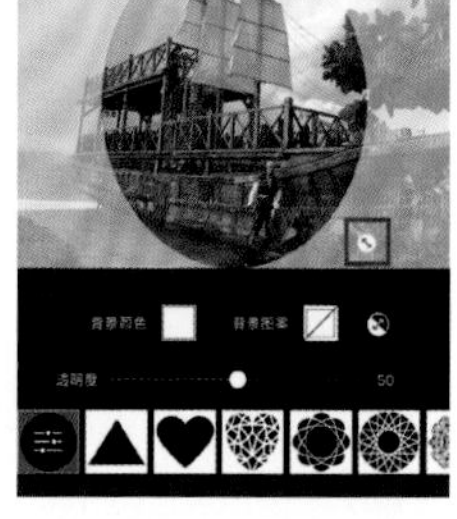

3. 通过调整红框内的工具，可以调整圆形遮罩的大小和形状

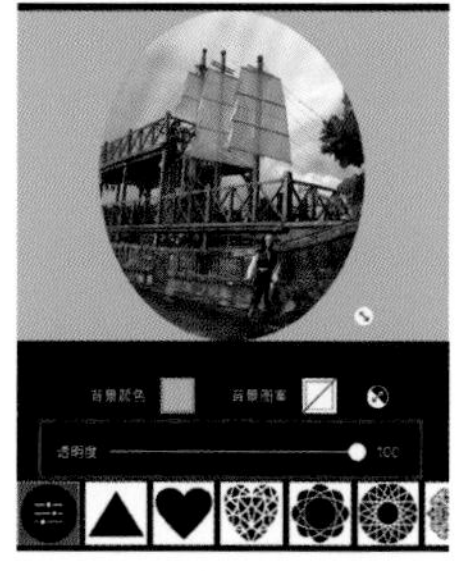

5. 调整遮罩效果的透明度

6. 选择红框内的图标，可以对遮罩效果进行反向表现

8. 选择一款绚丽的背景图案

9. 从界面下方可以看到有多种形状的遮罩选择

10.9 画框

在【画框】工具中，PicsArt软件为我们提供了丰富的画框效果，添加画框后，可以让照片显得更为卡通，另外，有些画框也会使照片显得更文艺。

添加画框效果的照片

【画框】工具

1. 将照片导入PicsArt软件中，点击【画框】工具

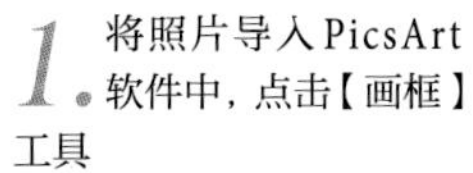

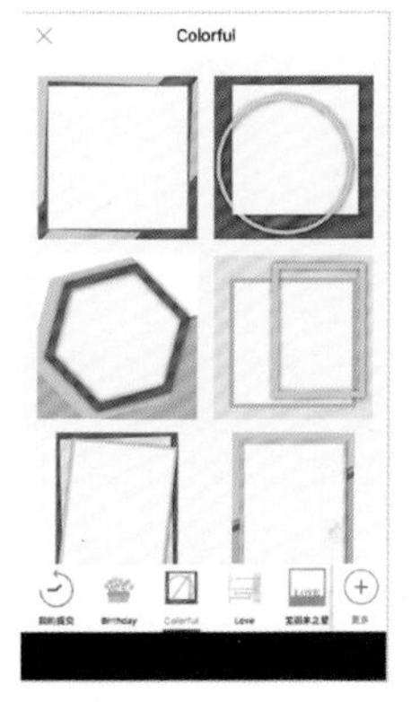

2. 进入【画框】菜单中，有多种画框效果

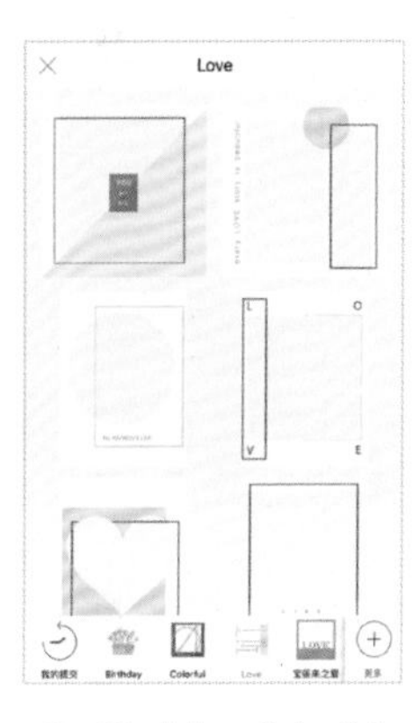

3. Birthday、Colorful、Love这三个菜单为免费使用的效果菜单

4. 之后的效果则需要付费使用

5. 选择一款画框所呈现出的效果

6. 可以调整画框内的照片角度以及大小

7. 画面效果调整满意后，保存照片

10.10 插图编号

PicsArt软件中【插图编号】工具，与【文本】工具类似，都可以输入文字信息，不同的是，【插图编号】工具所输入的文本信息会呈现在类似对话框的插图中，而【插图编号】工具也为我们提供了不同种类的插图。

添加插图编号后的效果

【插图编号】工具

1. 将照片导入PicsArt软件中，点击【插图编号】工具

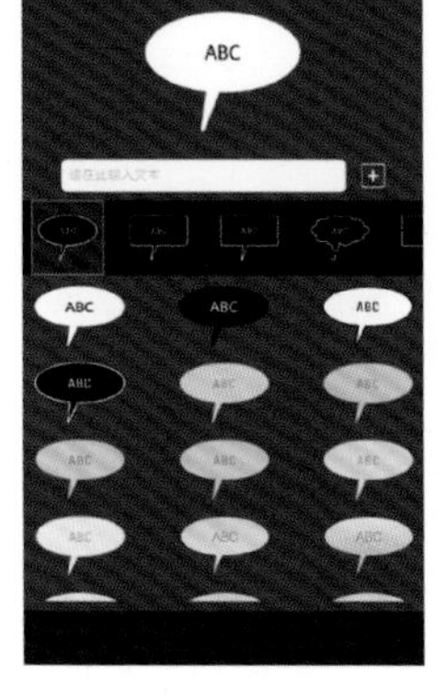

2. 点击【插图编号】工具，会弹出多种对话框类型的插图

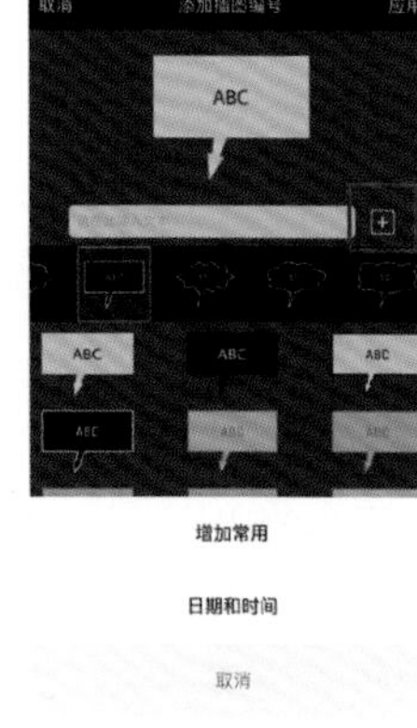

3. 选择好插图类型后，输入文字信息，或点击【加号】图标，选择软件给我们提供的【增加常用】或【日期和时间】

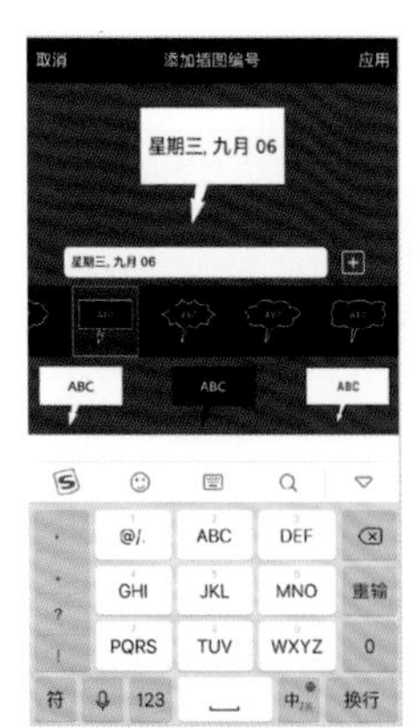

4. 选择好想要的文字内容

5. 文字内容以对话框的方式呈现在画面中

6. 利用红框内的图标改变对话框的大小和形状，以及箭头的位置

7. 调整插图的透明度

8. 调整插图的混合类型

PicsArt软件中颇具特色的工具

在PicsArt软件的众多工具中，有这样几种工具颇具特色，一方面，这些工具可以直接对照片进行相应的编辑处理，还可以配合其他工具完成对照片的后期创作。这些工具分别是PicsArt软件中的【拉伸】、【选择】、【画】。

本章内容我们将为大家介绍这几种工具的操作方法。

11.1 拉伸

在PicsArt软件中，【拉伸】工具的功能应该很受女孩子们喜欢，因为我们常说的将腿修瘦一些，脸修瘦一些，【拉伸】工具都可以做到，除此之外，它还能给画面带来一些其他变化。【拉伸】工具其实就相当于Photoshop软件中的【液化】工具，或者说是简洁版的【液化】工具，具体如何使用呢，下面我们就举例介绍一下。

11.1.1 利用【拉伸】工具修饰好身材

1. 想要把人物修瘦一些，首先将照片导入PicsArt软件，选择【拉伸】工具

【拉伸】工具

2. 进入【拉伸】工具菜单，可以看到有【弯曲】、【逆时螺旋】、【顺时螺旋】、【挤压】、【膨胀】、【恢复】等选项

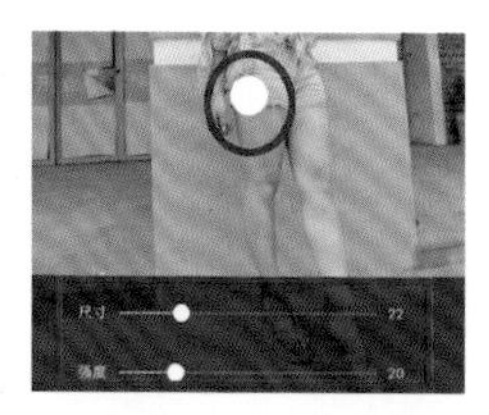

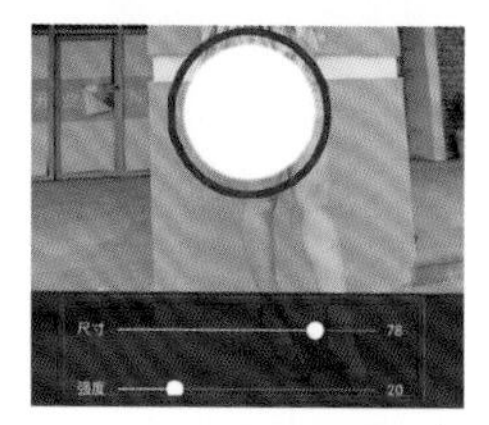

3. 首先来看看【弯曲】工具，点击【弯曲】工具，调整尺寸以及强度大小

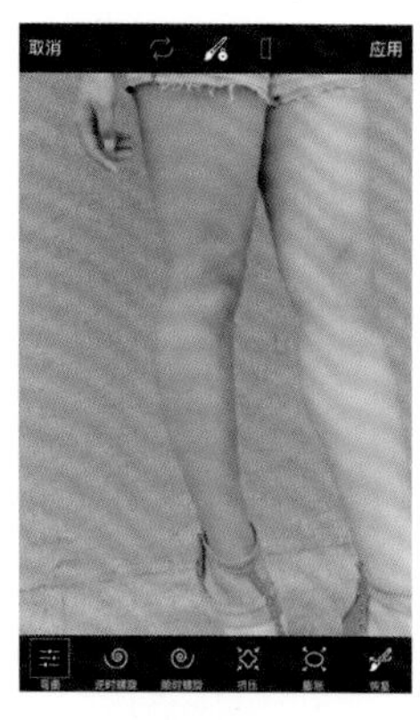

4. 将照片放大，以便对人物腿部进行处理

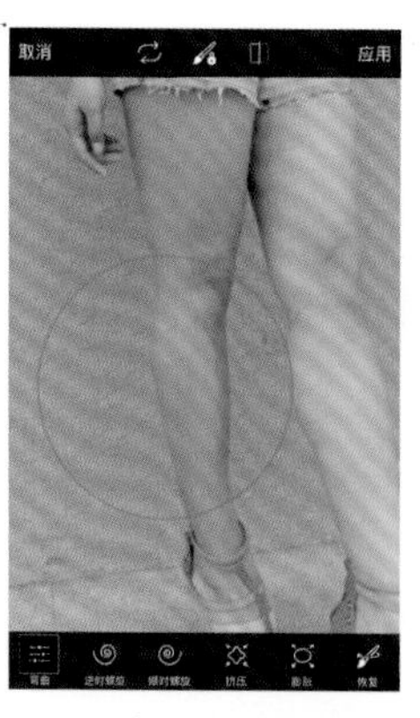

5. 用【弯曲】工具，慢慢推动腿部需要修饰的位置

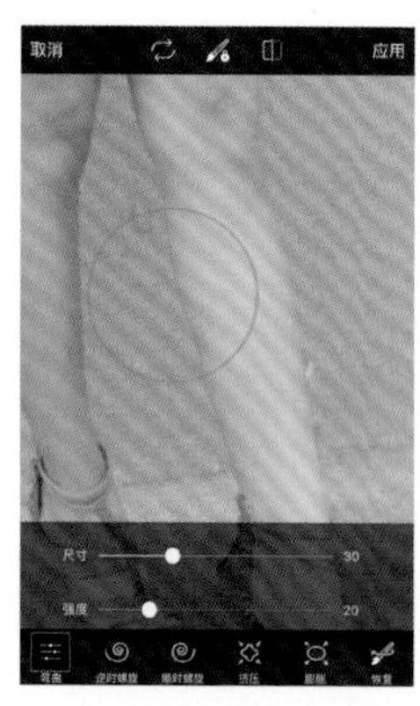

6. 调整显示区域，继续对另一条腿进行修饰

7. 将画面显示为正常大小，可以看到模特的腿变瘦了，腿型也比之前更美了

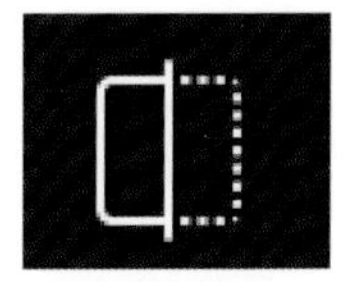

点击此图标，查看对比效果

选择【挤压】工具

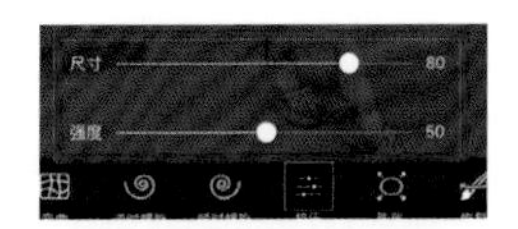

调整尺寸和强度大小

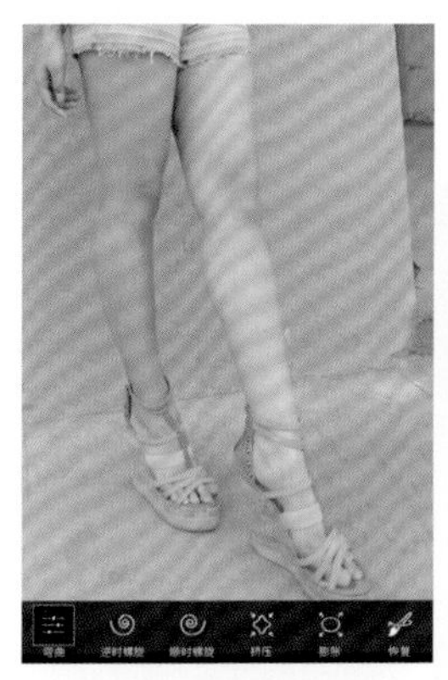

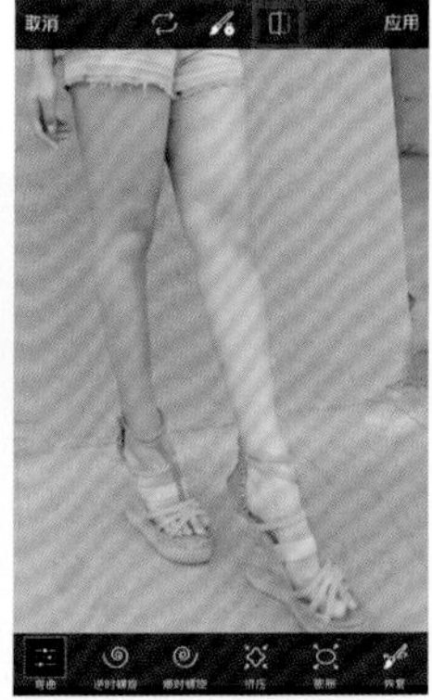

8. 点击红框内的图标，可以对修改之后的效果和修改前的效果进行对比

9. 对模特腿部进行修饰之后，选择【挤压】工具，调整工具大小，然后对模特的胯部、胸部等位置进行瘦身处理，此时已完成对人物身材的整体修图

选择【膨胀】工具

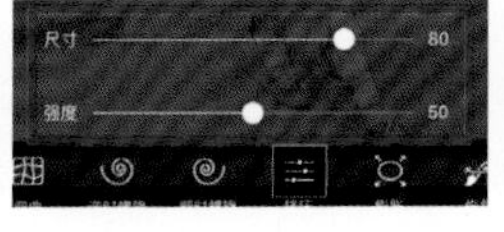

调整尺寸和强度大小

选择【恢复】工具

调整尺寸和强度大小

10. 软件中的【膨胀】工具在进行人物修图时并不常用，但也是必不可少的，有时会辅助我们对人物身材进行修饰

11. 对某一位置进行拉伸处理后，效果不理想，可以使用【恢复】工具进行调整

12. 选择【恢复】工具后，调整其尺寸和强度大小，然后选择需要修复的区域，在恢复过程中手要一直按住屏幕

11.1.2 【拉伸】工具中的【螺旋】工具

选择【逆时螺旋】工具

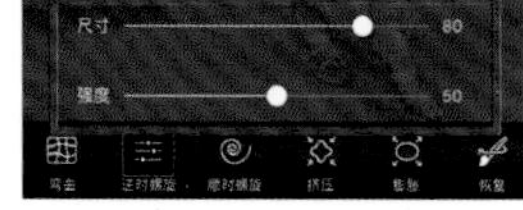

调整尺寸和强度大小

1. 另外在【拉伸】工具中，还有两种非常特别的工具，就是【逆时螺旋】和【顺时螺旋】，首先选择【逆时螺旋】，然后调整其尺寸和强度大小

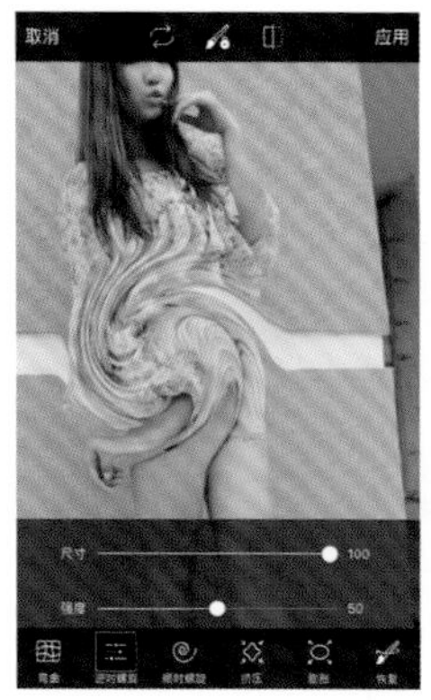

2. 选择【逆时螺旋】工具后，将其放在需要变化的位置上，手不要松开，可以看到画面发生逆时螺旋效果的变化

选择【顺时螺旋】工具

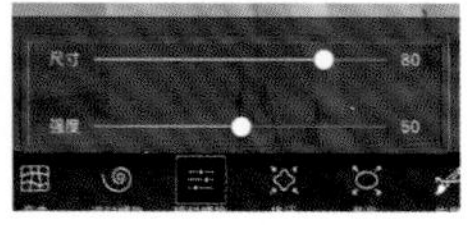

调整尺寸和强度大小

3. 我们再来看一看【顺时螺旋】，选择【顺时螺旋】，然后调整其尺寸和强度大小

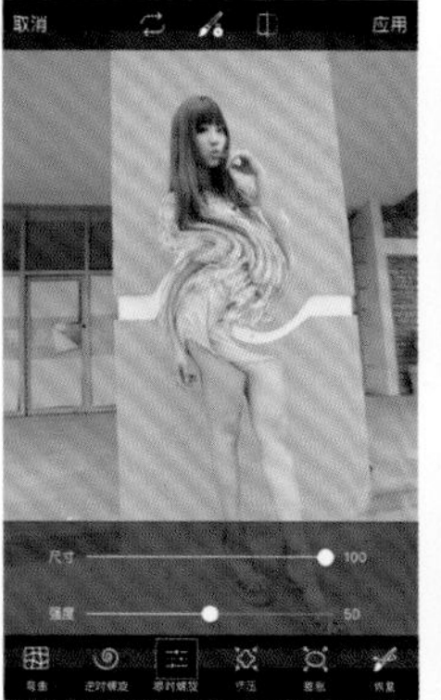

4. 将其放在需要变化的位置上，手不要松开，可以看到画面发生顺时螺旋效果的变化

11.2 选择

PicsArt软件中的【选择】工具，可以将画面中的某一区域用矩形、圆形、自由这三种选区模式进行选择，然后对选择的内容进行相应的设置，是一款应用非常灵活的工具，具体操作使用如下。

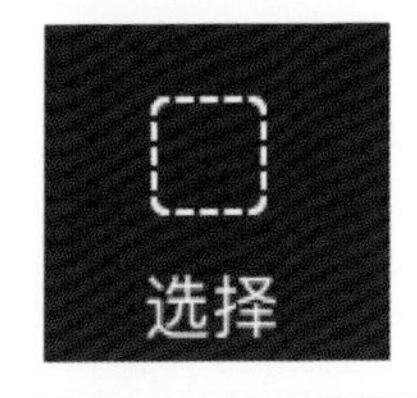

【选择】工具

1. 将照片导入PicsArt软件中，点击【选择】工具

进入【选择】菜单后，系统会提示我们选择区域

2. 进入【选择】菜单后，软件会默认为矩形选区模式，用手指滑动屏幕，选择区域

3. 松开手指，红色区域就是选择的区域

11.2.1 设置多种选区模式

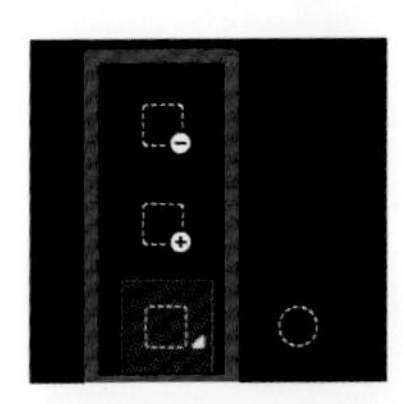

1. 在界面下方，有选区模式的设置，有矩形、圆形、自由这三种选区模式，还有画笔和橡皮擦工具。首先点击矩形选区图标，可以看到有带加号和减号两种矩形图标

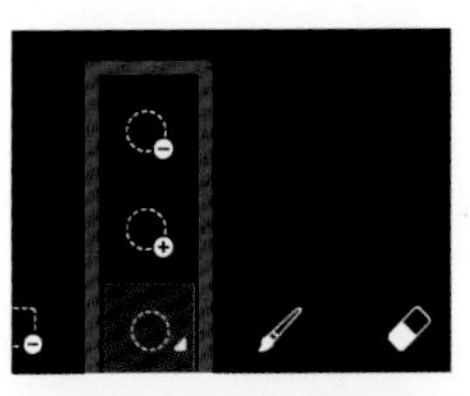

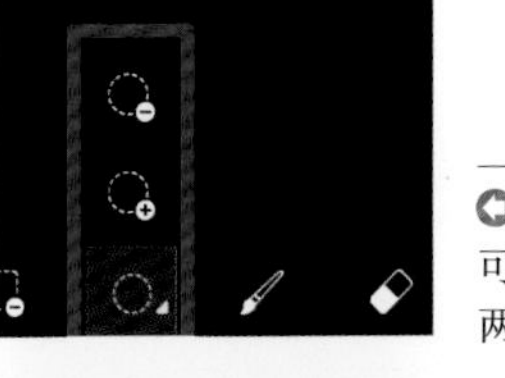

点击圆形选区图标，可以看到有带加号和减号两种圆形图标

2. 选择带加号的矩形图标，可以选择选区内容，将矩形图标设置为减号的图标，可以删除之前所选区域

3. 可以看到，用减号的矩形图标工具，已将之前所选区域删除

4. 同样，选择带加号的圆形图标，可以选择选区内容，将圆形图标设置为减号的图标，可以删除之前所选区域

5. 可以看到，用减号的圆形图标工具，已将之前所选区域删除

【画笔】工具图标

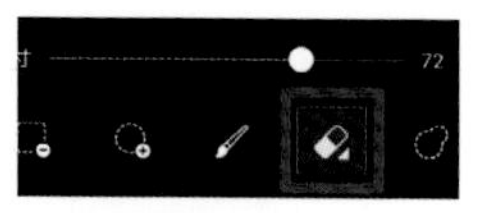

【橡皮擦】工具图标

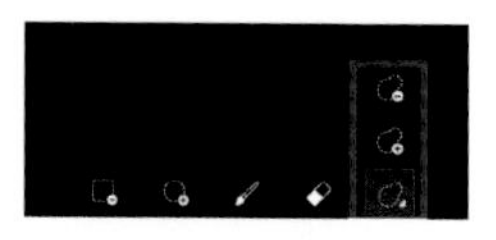

【虚线】工具图标

【保存我的贴纸】图标

6. 点击【画笔】工具图标，可以对画面进行自由涂抹，选择需要的区域

7. 选择【橡皮擦】工具图标，可以对所选区域进行擦除

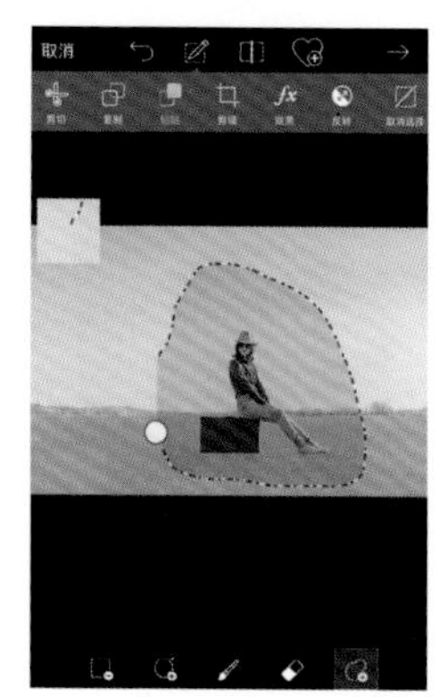

8. 选择【虚线】工具图标，可以对画面进行类似套索的操作

9. 点击界面上方【带加号的桃心】图标，可以将选择的区域保存到【我的贴纸】中

11.2.2 选区选好之后可以进行的操作

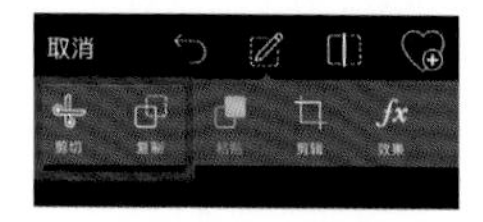

【剪切】、【复制】图标

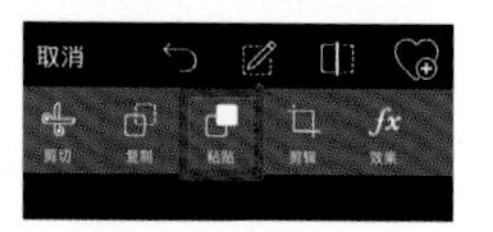

【粘贴】图标

【效果】图标

1. 点击界面上方的【剪切】或【复制】图标，即可对画面进行剪切或是复制

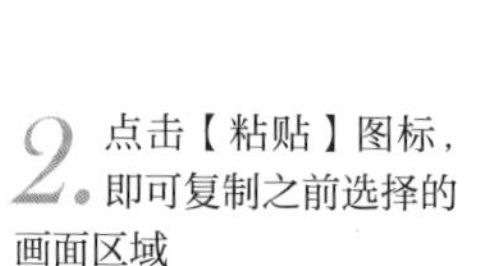

2. 点击【粘贴】图标，即可复制之前选择的画面区域

3. 点击【效果】图标，可以单独设置选区内的效果

4. 在【效果】图标菜单中，有多种效果滤镜选择

5. 在POP ART的效果滤镜菜单中，【关闭网格】的效果滤镜

6. 在FX的效果滤镜菜单中，【黑白低对比度】的效果滤镜

7. 在FX的效果滤镜菜单中，【虚光】的效果滤镜。除此之外，还有非常多的效果滤镜选择

8. 应用之后，可以看到只有选区内的画面呈现的是效果滤镜

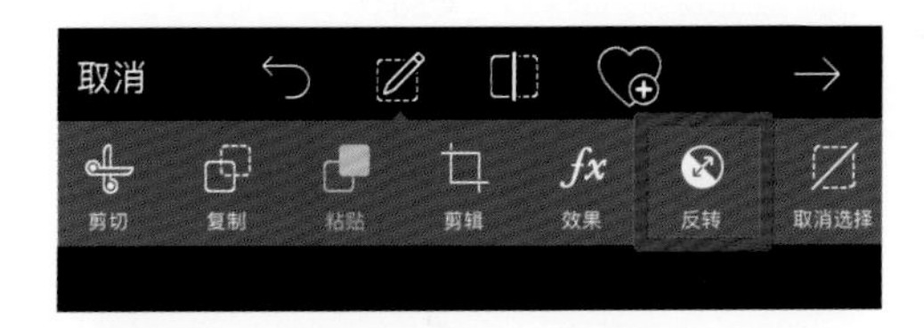

选择【反转】图标

反转选区之后，选择【效果】图标

9. 在设置选区的时候，如果选择【反转】图标，可以对画面所选的区域进行反选

10. 点击【反转】图标后，可以看到选区变成了之前未选择的区域

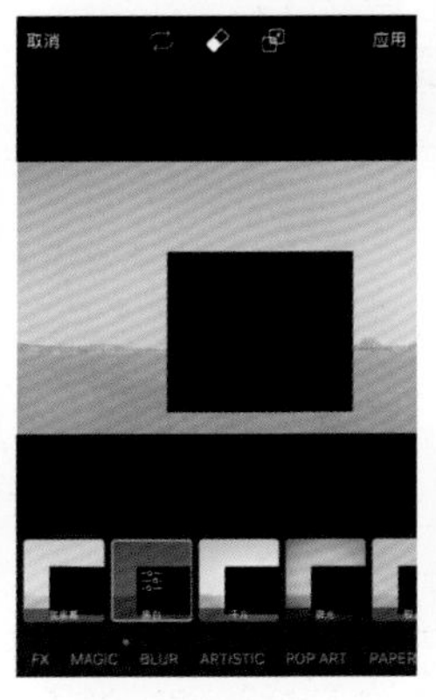

11. 点击【效果】图标，选择一个效果滤镜

12. 应用效果滤镜后，可以看到反转选区所呈现的效果

11.3 画

在PicsArt软件中，【画】工具同样是应用非常灵活的工具，在照片上进行涂画的时候，画笔属性有很多种选择，除了可以设置其样式和颜色，还可以将其属性设置为文字或是一些图案，另外，在【画】工具菜单中，还有类似Photoshop中的图层，让图片的后期编辑有更多的调整选择。

【画】菜单界面上方的一些图标

【画】工具

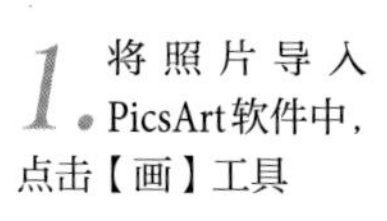

1. 将照片导入PicsArt软件中，点击【画】工具

2. 进入【画】工具菜单后，首先我们看界面上方的一些图标，点击全屏，即可全屏预览

3. 全屏预览模式下，点击右上方的图标，即可恢复正常预览

4. 选择【调整屏幕】，可以将放大的画面恢复正常预览

5. 点击录制图标，可以将【画】的操作录成视频或者GIF文件

6. 在录制图标右侧，可以新建或保存项目，以保存图像

对画笔进行设置

点击颜色图标，对画笔颜色进行设置

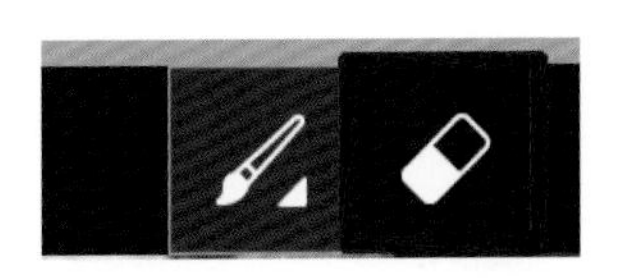

对橡皮擦进行设置

7. 接下来是界面下方的工具栏，首先点击【画笔】工具，可以对画面的样式、尺寸、透明度、间距进行设置

8. 设置画笔的颜色，设置好后，可以在原图上涂画，可以看到画笔的样式很有特色

9. 点击【橡皮擦】工具，可以设置橡皮擦的样式、尺寸、间距，但不能设置透明度

10. 用【橡皮擦】工具擦除画笔所画图案

选择【文字】图标进行设置

选择【图形】图标进行设置

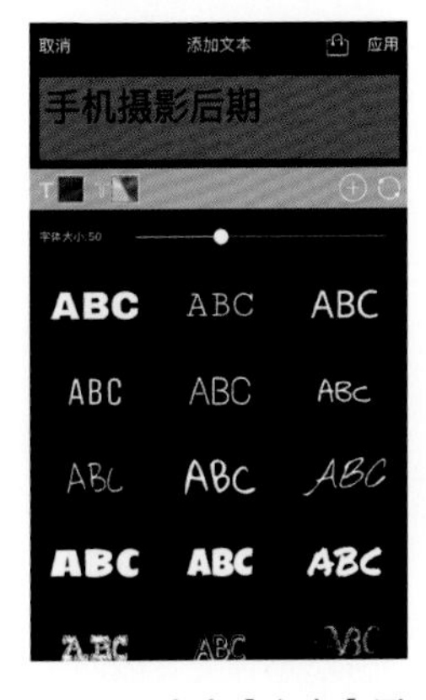

11. 点击【文字】图标，然后输入文字，与此同时，可以设置文字的类型、字体大小、颜色等属性

12. 设置完字体后，此时画笔画出的内容就是所输入的文字

13. 点击【图形】图标，可以选择不同的图形，并设置其透明度，或者描边的粗细程度

14. 设置图形颜色，设置完图形后，此时画笔画出的内容就是所选择的图形

○ 点击【照片】或【贴纸】图标

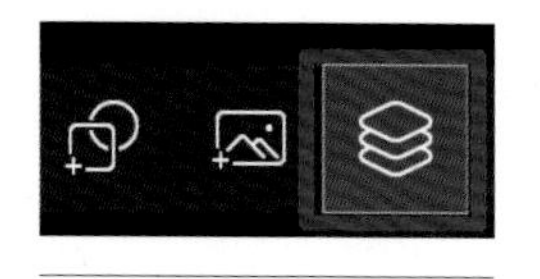

○ 选择【图层】图标

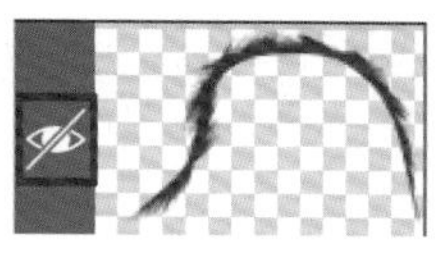

○ 点亮或点灭【小眼睛】图标

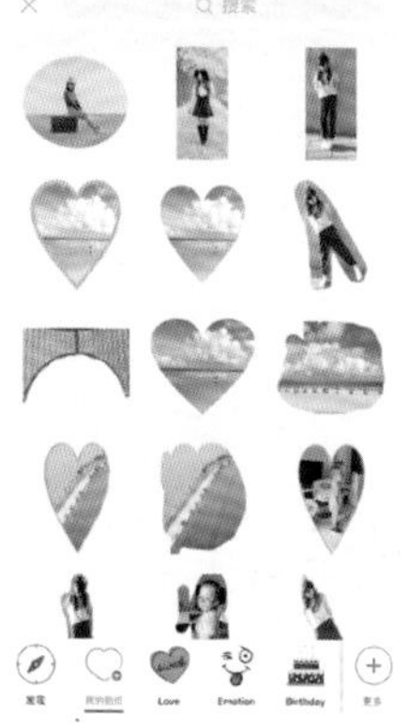

15. 点击【贴纸】图标，选择一款贴纸，可以将其导入【画】工作界面进行相应的操作

16. 接下来看看【图层】图标，在使用画笔画出一些图案后，点击【图层】图标，可以看到画笔画出的图案为单独的图层

17. 如果点灭图层左边的【小眼睛】，在预览区看不到之前所画的内容

18. 点击【小喷壶】图标，设置喷壶颜色

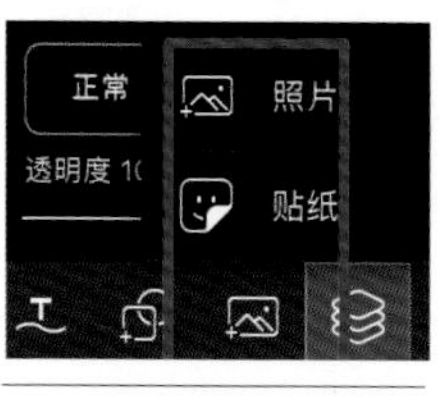

○ 点击【照片】或【贴纸】图标

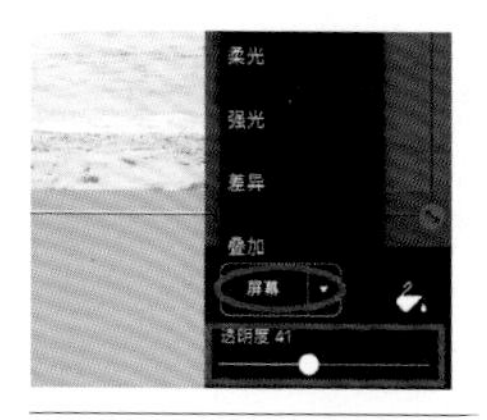

○【透明度】工具以及【叠加】方式选择

19. 选择需要的颜色，这里我们选择白色

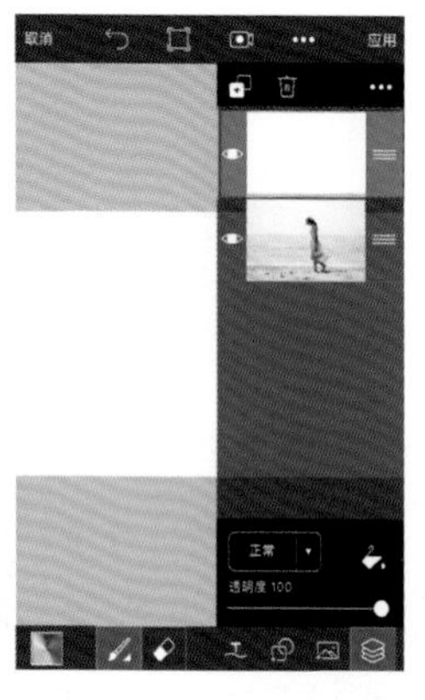

20. 可以看到之前的图层变成了白色的图层

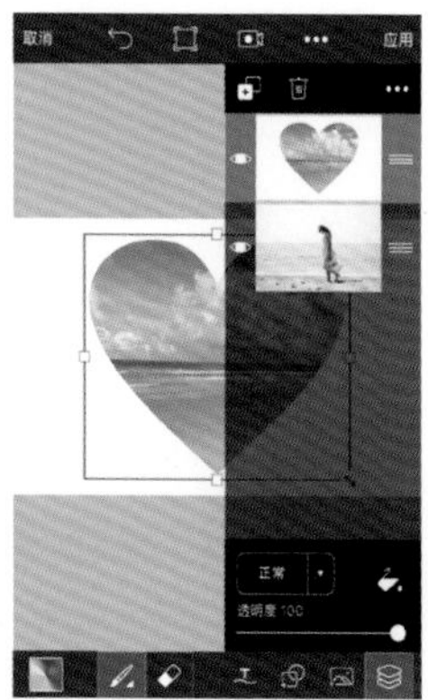

21. 可以在新的图层添加照片或贴纸

22. 设置透明度以及新建图层与原图层的混合方式，调整好画面

第 12 章

用PicsArt软件制作个性十足的照片

无论是前期拍摄还是后期处理，创造力都决定着作品的成功与否，我们用PicsArt软件进行后期处理，可以利用其独特的功能制作出很多具有创造力的画面。

在前面的内容中，已经介绍了PicsArt软件拥有的基本功能和比较有特色的功能，比如，拉伸、克隆、选择、贴纸、文本等，这些功能可以相互搭配着使用，下面为大家介绍一下如何利用PicsArt软件制作出颇具个性的摄影作品。

12.1 模糊效果的多种表现

在介绍PicsArt软件的【工具】菜单中，我们已经介绍了三种模糊工具，其实在软件的【效果】菜单中，也有制作模糊效果的工具，并且模糊效果的方式多种多样，那就是【BLUR】，我们可以利用里面的功能制作出梦幻、动感、神秘等效果。

12.1.1 梦幻效果

在制作梦幻效果时，主要运用的是PicsArt软件中的【动感模糊】效果，制作方法非常简单。

【模糊】工具制作的梦幻效果

原图效果

选择【效果】工具

1. 将照片导入PicsArt软件，选择【效果】工具

选择【BLUR】

2. 进入【效果】工具界面，选择【BLUR】，也就是模糊

3. 选择【动感模糊】效果

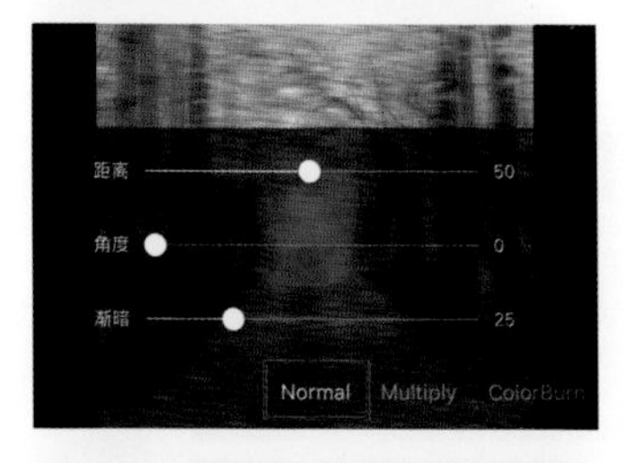

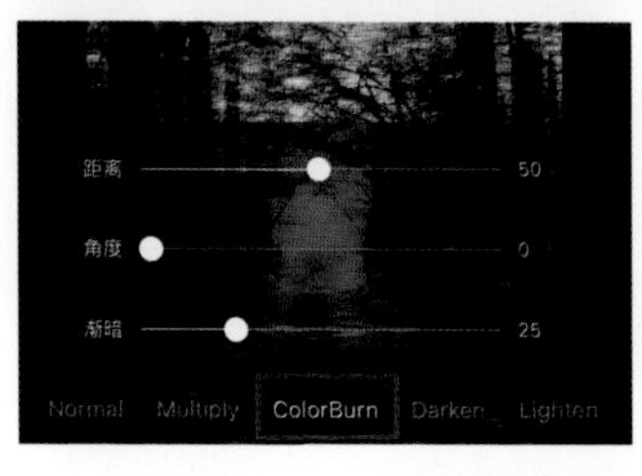

4. 点击【动感模糊】图标，弹出设置工具，可以选择不同的效果叠加方式

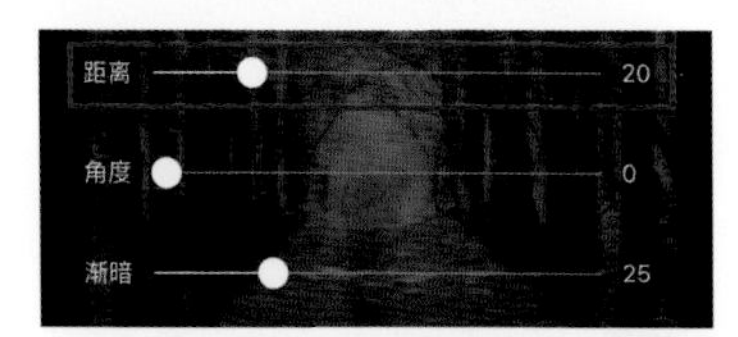

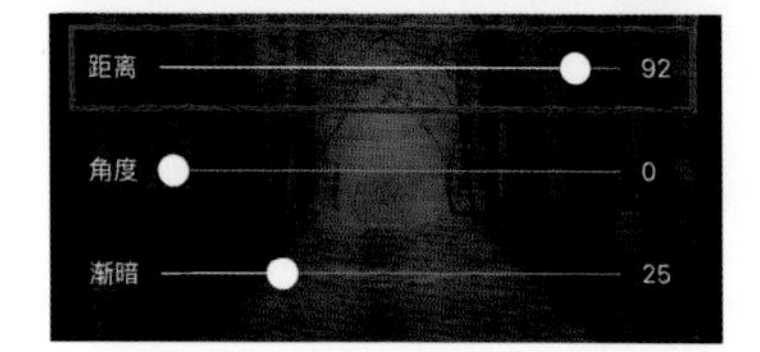

5. 改变【距离】的数值，查看效果

6. 距离为20的效果

7. 距离为92的效果

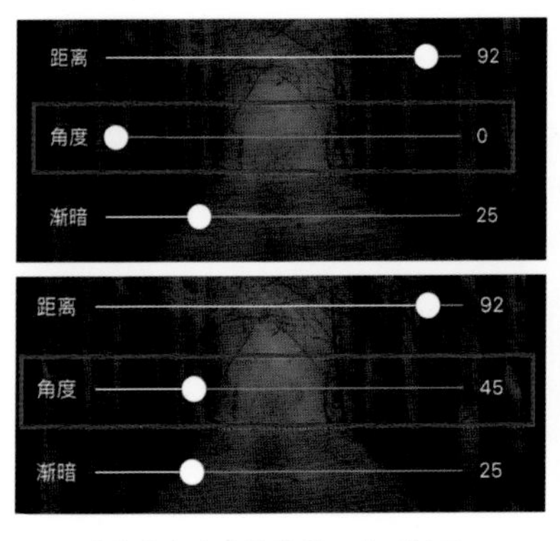

8. 改变【角度】的数值，查看效果

9. 角度为0°的效果

10. 角度为45°的效果

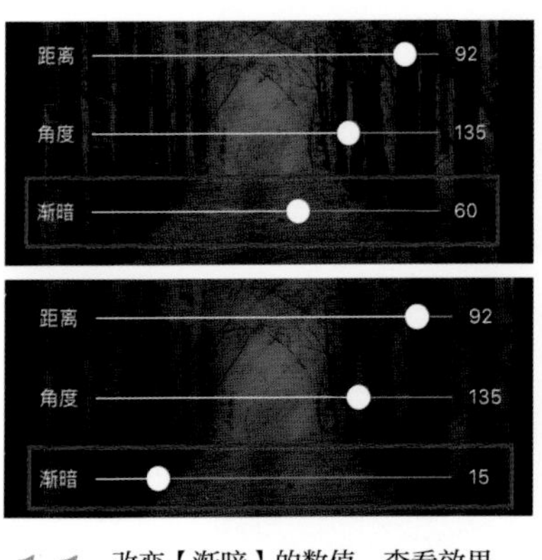

11. 改变【渐暗】的数值，查看效果

12. 渐暗为60的效果

13. 渐暗为15的效果

14. 适当调整距离、角度、渐暗的数值，效果满意以后点击【应用】

15. 最后点击【照片】，将照片保存下来，或者分享到社交平台

12.1.2 动感效果

这里所指的动感效果，也可以称为追随效果，通常是因为快门速度过慢，相机与运动主体保持同样的移动速度拍摄出来的效果，那么在后期处理中，用PicsArt软件如何制作出来呢？下面请看我们的案例。

原图效果

【模糊】工具制作的动感效果

选择【效果】工具

1. 选择照片导入PicsArt软件，选择【效果】工具

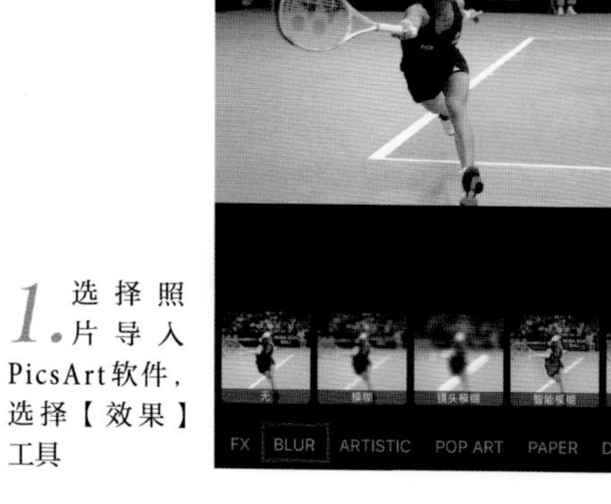

选择【BLUR】

2. 进入【效果】工具界面，选择【BLUR】，也就是模糊

3. 选择【动感模糊】效果

4. 选择不同的效果叠加方式

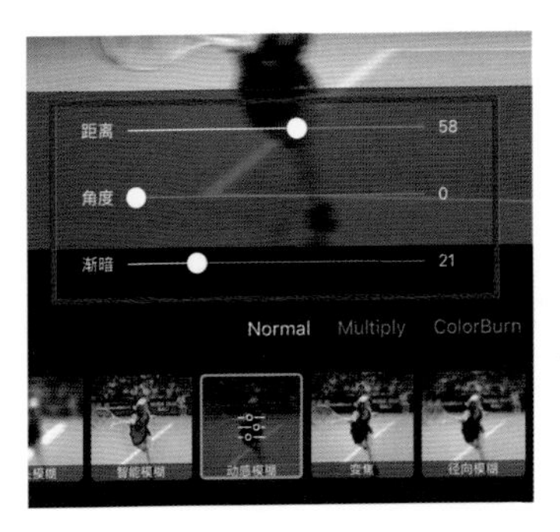

5. 调整距离、角度、渐暗的数值

【橡皮擦】工具

6. 将照片进行放大预览，然后点击【橡皮擦】工具

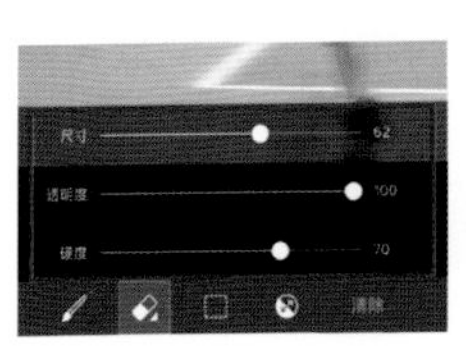

7. 设置【橡皮擦】工具的尺寸、透明度、硬度数值

8. 用【橡皮擦】对人物进行擦除，让人物主体清晰，而周围环境成虚化效果，从而形成动感十足的画面

9. 效果满意后，保存照片

12.1.3 神秘效果

在制作神秘效果的时候，我们主要会用到PiscArt软件中的【径向模糊】工具，并配合橡皮擦的使用，让画面效果神秘且真实。

原图效果

模糊工具制作的神秘效果

选择【效果】工具

选择【BLUR】

1. 选择照片导入PicsArt软件，选择【效果】工具

2. 进入【效果】工具界面，选择【BLUR】，也就是模糊

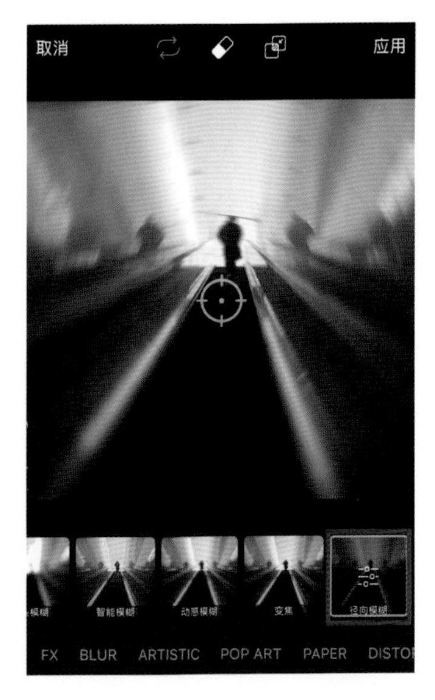

3. 选择【径向模糊】效果

4. 用手指在屏幕上移动，可以看到效果的中心区域会跟着移动

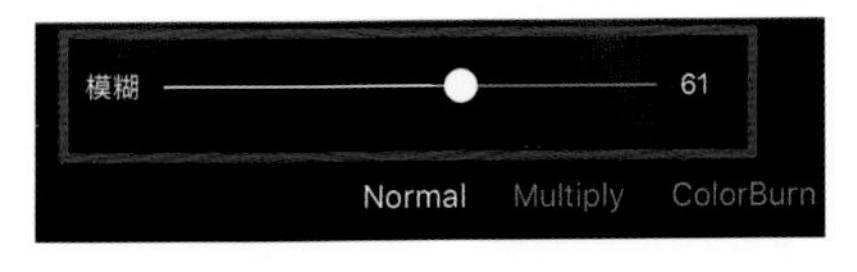

调整模糊值

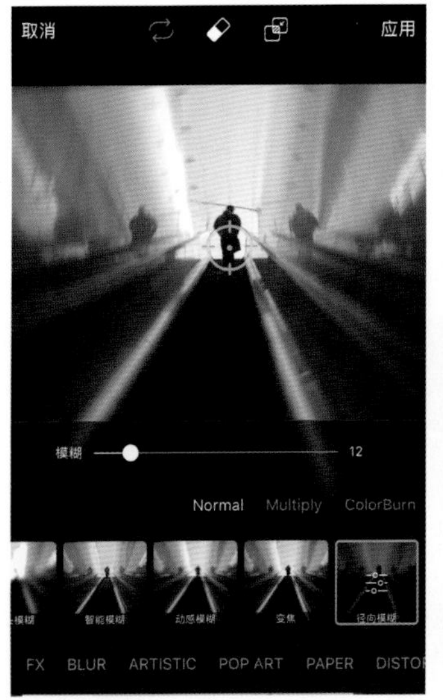

5. 调整模糊值，会看到画面的变化，此图为模糊值为12的效果

6. 模糊值为61的效果

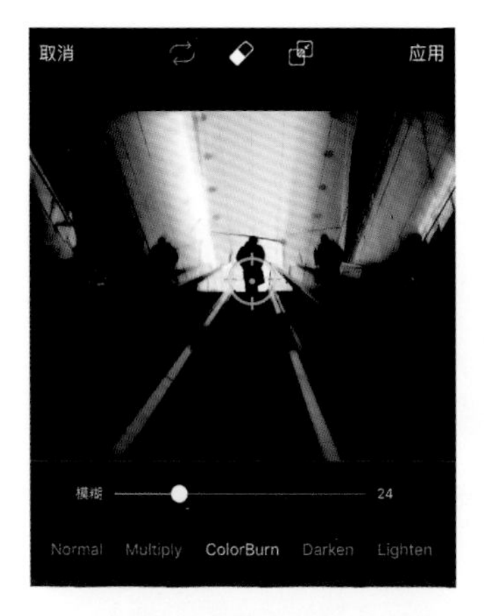

选择【橡皮擦】工具

7. 模糊效果调整完成后，可以根据需要选择模糊效果的叠加方式，此图为ColorBurn的效果

8. Darken的效果

擦除前效果

对人物区域进行擦除后的效果

9. 选择【橡皮擦】工具，在人物区域进行擦拭，让人物区域能够清晰表现

10. 查看画面效果，满意后点击【应用】，最后保存照片

12.1.4 慢门效果

慢门效果是指相机快门速度非常慢时所拍摄到的效果，通常慢门效果都会显得非常动感，在后期处理中，我们可以利用PicsArt软件制作出慢门效果。

原图效果

【模糊】工具制作的慢门效果

选择【效果】工具

1. 选择照片导入PicsArt软件，选择【效果】工具

2. 进入【效果】工具界面，选择【BLUR】，也就是模糊

选择【BLUR】

3. 选择【变焦模糊】效果

4. 同【径向模糊】效果一样，用手指在屏幕上移动，可以看到效果的中心区域会跟着移动

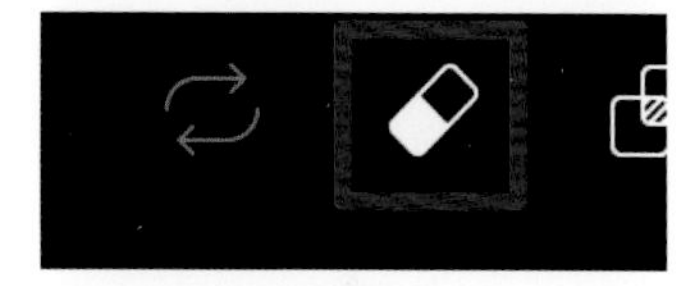

选择【橡皮擦】工具

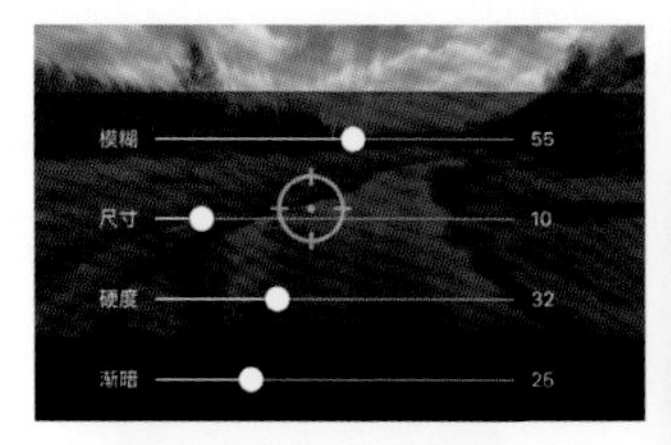

5. 根据画面需要，调整模糊、尺寸、硬度、渐暗的数值

6. 调整到满意的模糊效果

7. 选择【橡皮擦】工具，并设置【橡皮擦】工具的尺寸、透明度、硬度

8. 为了方便操作，将画面进行放大预览，并擦除岸上的模糊效果

9. 继续擦除岸边的模糊效果

10. 将地面区域的变焦模糊擦除，让天空和水面呈现出变焦模糊效果

11. 恢复预览大小，查看擦除后的效果

12. 最后查看画面是否还需进行修改，效果满意后点击【应用】

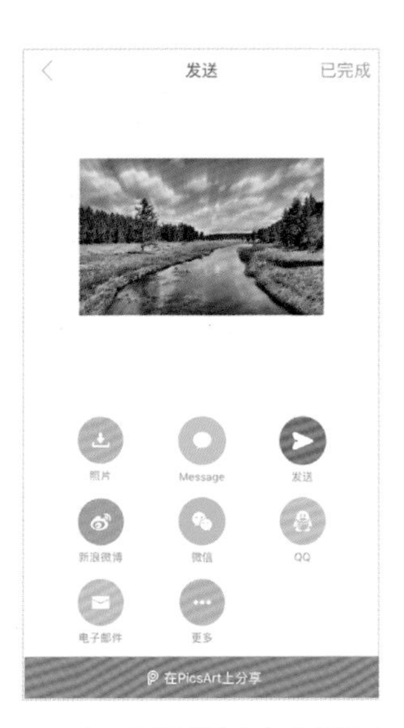

13. 最后可以点击【照片】保存修改后的照片，也可以分享到社交网上

12.2 水波纹效果

水波纹效果，主要会用到PicsArt软件中的【DISTORT】工具，DISTORT中文是扭曲的意思，在【DISTORT】工具中，有多种扭曲画面的效果，其中【水】就是我们做水波纹效果的重要工具，另外，为了得到更加自然的效果，我们可以对画面先做模糊处理。

原图效果

利用PicsArt软件制作的水波纹效果

1. 将照片导入PicsArt软件，选择【效果】工具

选择【效果】工具

选择【BLUR】

2. 为了让水波纹效果更自然，我们先对画面做模糊的处理，首先进入【效果】工具界面，选择【BLUR】图标

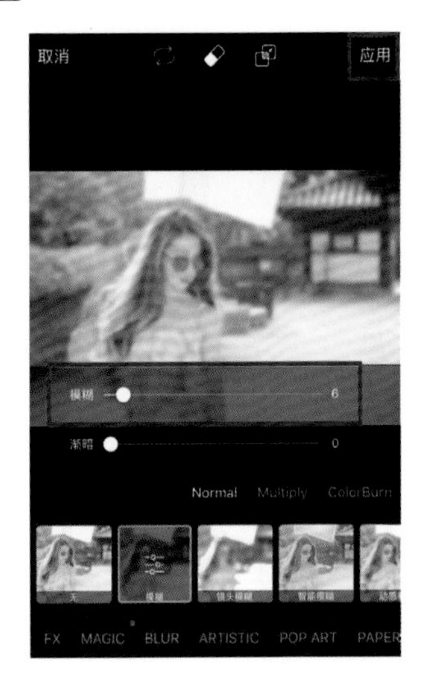

3. 选择【模糊】效果，并适当调整模糊强度，调整完成后，点击【应用】

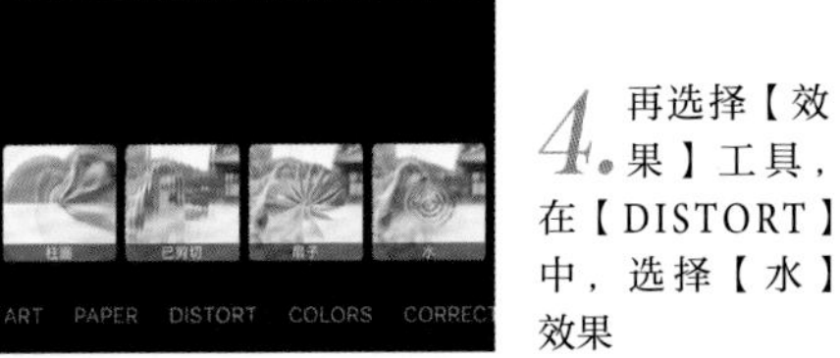

▲ 选择【效果】工具

4. 再选择【效果】工具，在【DISTORT】中，选择【水】效果

▲ 选择【水】后，画面出现水波纹效果

5. 可以将水波纹效果移动到合适的位置上

6. 根据需要选择适合的叠加方式

7. 水波纹效果调整好之后，点击【应用】

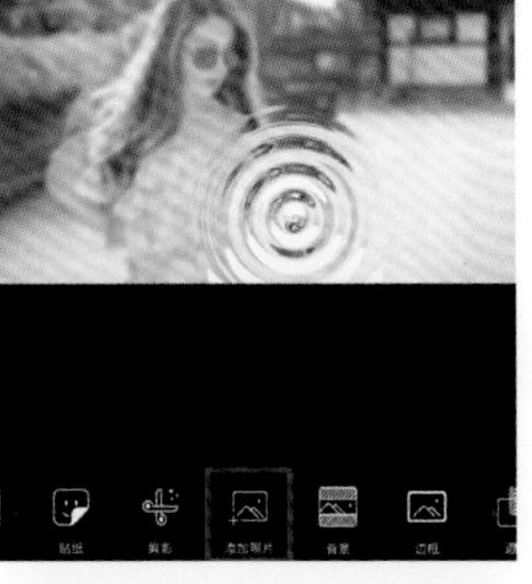

【添加照片】工具

8. 点击【添加照片】工具

9. 将照片原图导入软件中

【图形剪辑】工具

10. 选择【图形剪辑】工具

11. 进入【图形剪辑】工具中，软件会默认正方形的图形剪辑

12. 为了搭配水波纹效果，我们选择圆形剪辑

13. 对画面进行圆形图案的剪辑

14. 为了让图形剪辑的画面与水波纹效果结合更自然，将圆形的边框尺寸设置为0

15. 调整圆形画面的大小及方向

16. 将其移动到水波纹中

17. 设置圆形画面的透明度，这里我们将透明度设置为87

18. 点击【应用】后，查看画面效果是否满意

19. 点击【照片】进行保存，或者直接分享到社交网上

12.3 梦幻般的碎片效果

PicsArt软件中的【分散】工具，可以在画面上制作出十分个性的碎片效果，既有趣又充满梦幻感。下面我们来学习如何制作碎片效果。

原图效果

利用PicsArt软件制作的碎片效果

1. 将照片导入PicsArt软件，为了让碎片效果展现得更自然，我们先对画面局部进行拉伸的处理

【拉伸】工具

2. 点击【工具】，之后点击【拉伸】

3. 进入【拉伸】工具界面后，选择【弯曲】

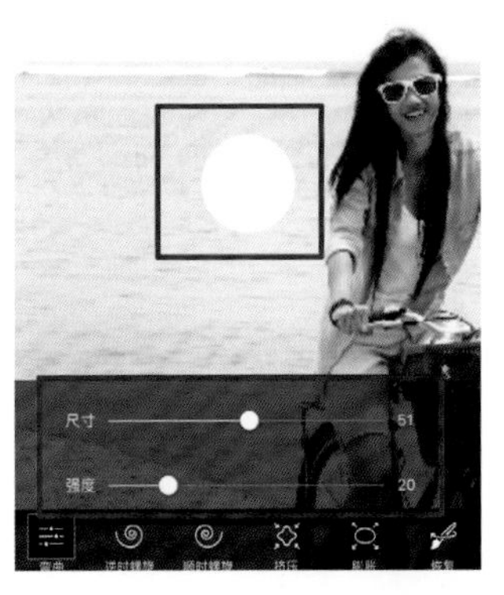

4. 设置弯曲工具的尺寸和强度的数值

弯曲工具对人物头发等部位进行拉伸处理

弯曲工具对人物头发等部位进行拉伸处理

5. 用弯曲工具对人物头发等部位进行拉伸处理，让其向人物的后斜上方拉伸，这样，可以让碎片被吹散的画面更显自然

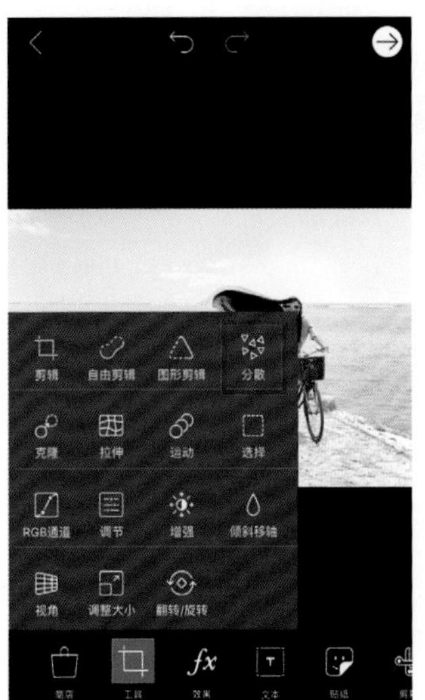

分散

【分散】工具

6. 拉伸处理完成后，点击【应用】，回到PicsArt工作主页，然后点击【工具】，并选择【分散】工具

7. 设置【分散】工具的尺寸大小

对拉伸的区域进行涂抹

对拉伸的区域进行涂抹

8. 利用【分散】工具，对之前拉伸的区域进行涂抹

9. 涂抹完成后，可以看到涂抹的区域成碎片效果

10. 碎片效果生成后，我们先调整碎片的方向，以上为方向60的效果

11. 根据画面实际情况，我们将方向值设置为154

12. 调整碎片的尺寸，尺寸越小，碎片显得越碎

13. 设置拉伸数值，并根据所呈现的效果进行尺寸和方向的微调，效果满意后，保存照片即可

尺寸设置为25的效果

尺寸设置为9的效果

拉伸数值为4的效果

拉伸数值为80的效果

12.4 同一画面中重复出现多个主体

想要用PicsArt软件制作出好几个自己出现在一张照片中，可以利用添加照片和橡皮擦工具来实现。但其实PicsArt软件中有一个功能，可以直接对主体进行复制，那就是【克隆】功能，“克隆”一词，听着就很高端，那么具体如何应用呢？下面就来看一下我们的案例。

原图效果

利用PicsArt软件克隆出多个人物主体的效果

1. 将照片导入PicsArt软件

【克隆】工具

2. 点击【工具】，之后点击【克隆】

3. 进入【克隆】工具界面后，有两个位置需要我们注意，一是画面中间的圆形图标，二是界面下方的工具栏

将圆形带十字的图标放在某一位置，即可对这一位置进行“克隆”

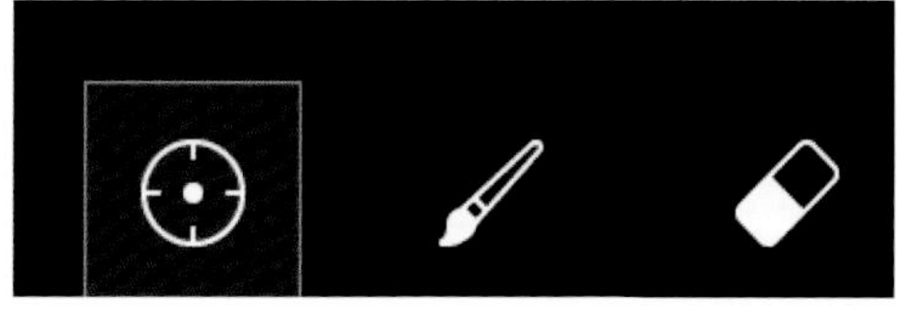

4. 最左的工具为【目标】工具，可以选择克隆的位置；中间的【画笔】工具则可进行“克隆”；最右的【橡皮擦】可以擦除克隆出的画面

5. 将【目标】工具放在人物的脚下

6. 当我们选好目标位置后，软件会自动变为【画笔】工具，用手指滑动屏幕，即可复制出人物

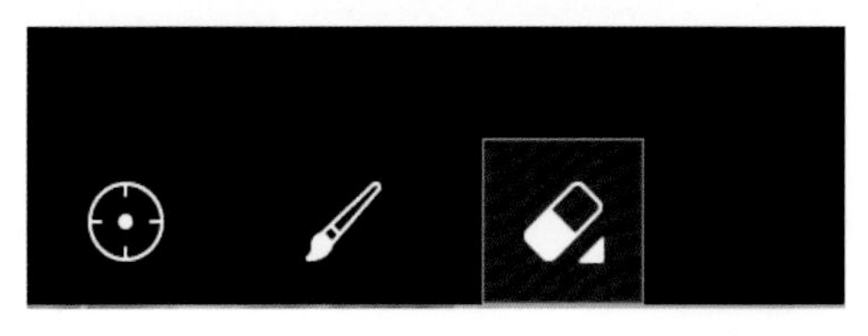

7. 由于“克隆”出的画面不光有人物，还有一些周围环境元素，所以要用橡皮擦将这些元素擦除

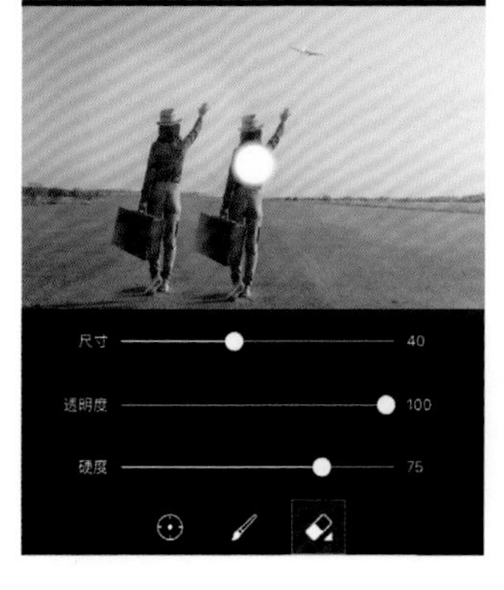

8. 设置橡皮擦的尺寸、透明度、硬度的数值

9.在擦除过程中，可以放大画面，方便更仔细的操作

10.在擦除过程中，如果擦除错误，将人物也擦掉了，可以选择【画笔】工具将其修复

11.按照相同的方式“克隆”第三个人物

12.按照相同的方式“克隆”第四个人物

13.最后查看画面效果，是否还需要进行其他调整，效果满意后保存画面

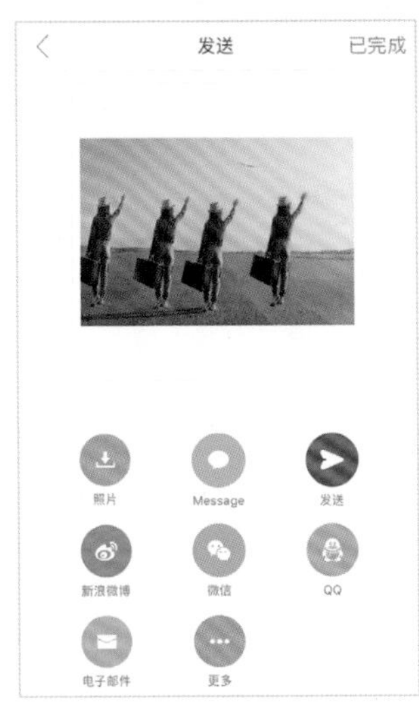

14.点击【照片】将画面保存，或者直接分享到社交网站上

12.5 双重曝光效果

利用PicsArt软件制作图片的双重曝光效果，可以说是非常轻松的一件事情，制作双重曝光的关键不在于后期图片编辑软件的使用，而是在于原始素材的选择，有些素材可以进行双重曝光的搭配，有些不搭的画面放在一起会显得不自然。下面我们就为大家介绍一下如何利用PicsArt软件制作双重曝光效果。

原图素材

原图素材

利用PicsArt软件制作的双重曝光效果

点击【添加照片】工具

1. 将其中一张照片导入PicsArt软件中

2. 点击【添加照片】工具，选择另一张双重曝光的照片素材

调整照片大小

3. 将照片导入软件后，移动照片的位置以及调整照片大小

4. 可以降低透明度值，这样可以看到背面的照片，从而更好地安排照片位置

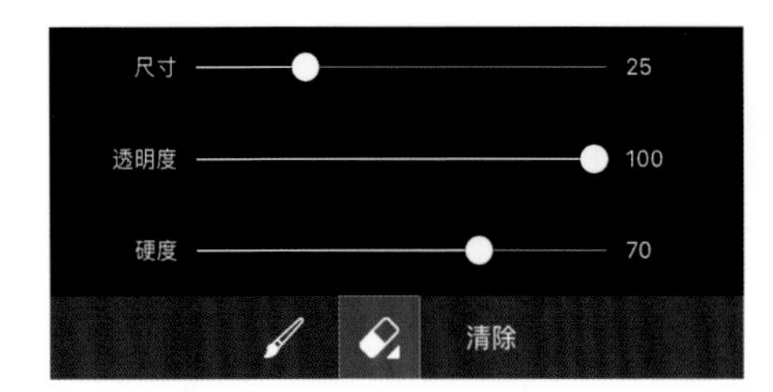

5. 安排好照片位置后，选择【橡皮擦】工具，并设置【橡皮擦】工具的尺寸、透明度、硬度的值

6. 利用【橡皮擦】工具对第二张照片进行擦除，让两张照片呈现得更自然

7. 擦除过程中，可以放大画面，使擦除更加细致

8. 擦除完成后，查看画面效果，并对画面进行微调

9. 生成双重曝光后的画面效果，可以直接保存，也可以为其添加滤镜效果等设置

10. 点击【照片】将画面保存，或者直接分享到社交网站上

12.6 制作大片般的星球效果

在PicsArt软件中，有很多可以制造出创意效果的工具，【小小星球】就是如此，利用【小小星球】工具，可以将普通的画面进行旋转，制造出类似星球般的神奇效果，并且操作过程也非常简单，下面我们就来看一下具体如何操作。

利用PicsArt软件制作出的星球效果

原图效果

选择【效果】工具

1. 将照片导入PicsArt软件，选择【效果工具】

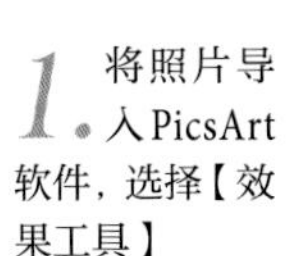

选择【DISTORT】工具

2. 在【效果】中，选择【DISTORT】工具

3. 在【DISTORT】菜单中，选择【小小星球】工具，可以看到画面瞬间转换为星球效果

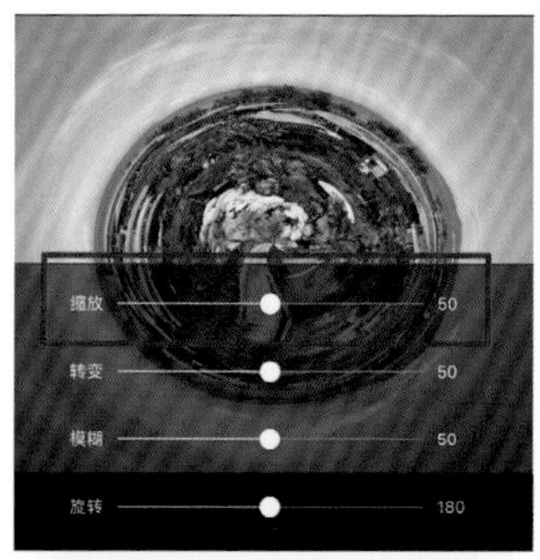

缩放数值为50的效果

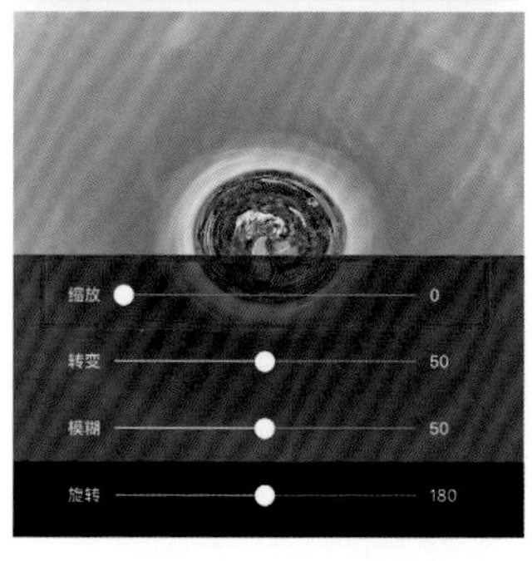

缩放数值为0的效果

4. 调整缩放数值，可以看到其大小变化

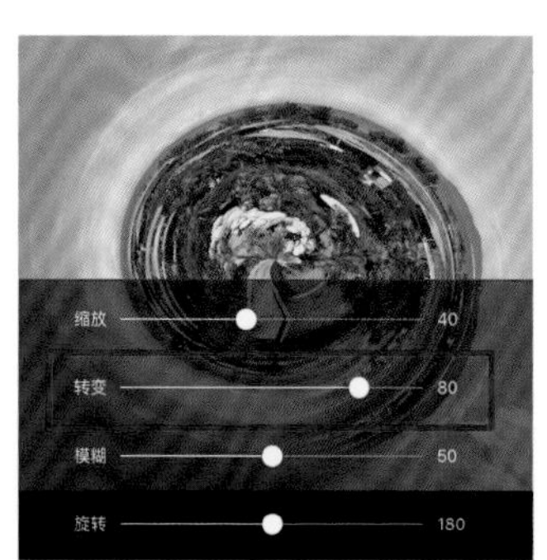

转变数值为80的效果

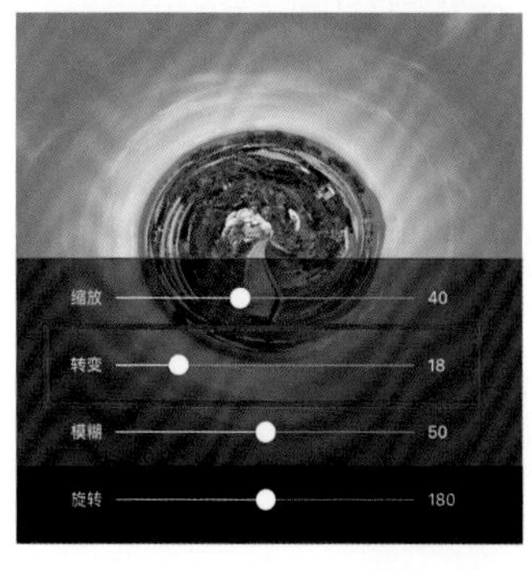

转变数值为18的效果

5. 调整转变数值，观察画面效果变化

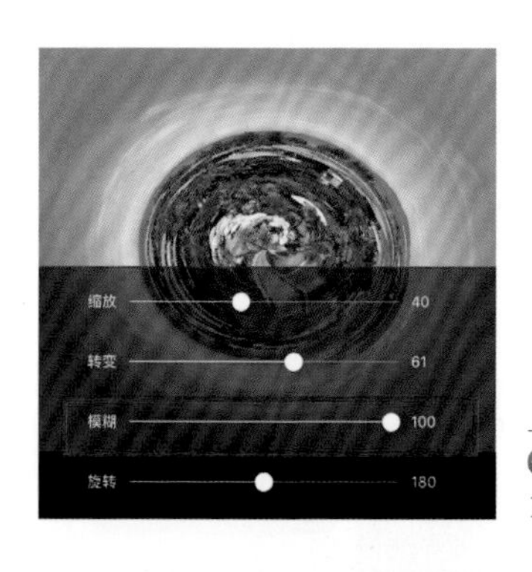

模糊数值为100的效果

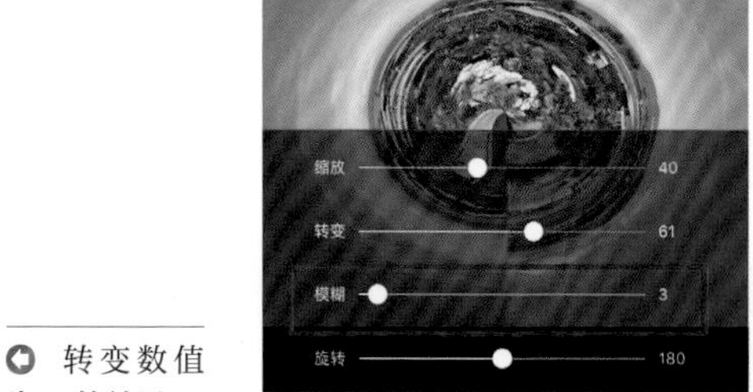

模糊数值为3的效果

6. 调整模糊数值，观察场景衔接处的效果变化

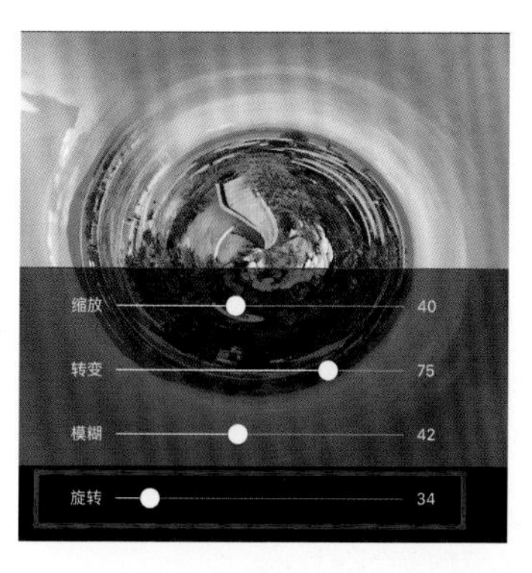

旋转数值为34的效果

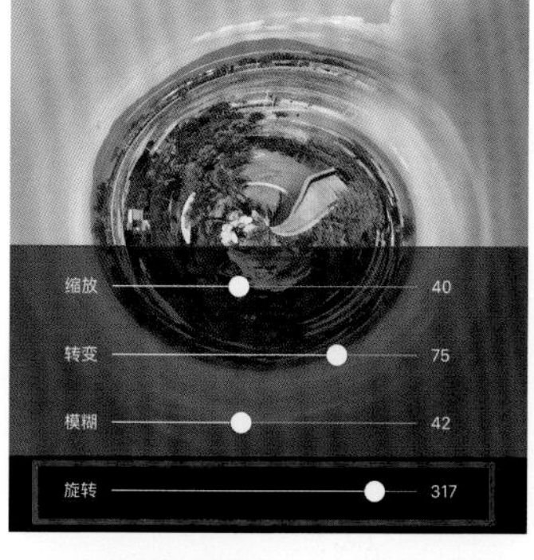

旋转数值为317的效果

7. 调整旋转数值，可以看到其旋转效果的变化

8. 根据画面情况，将缩放、转变、模糊、旋转的数值配合好，使画面效果呈现得自然些

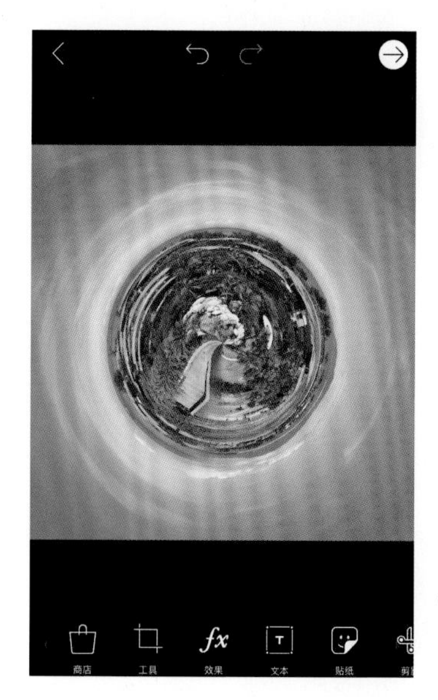

9. 点击【应用】后，查看画面效果是否满意

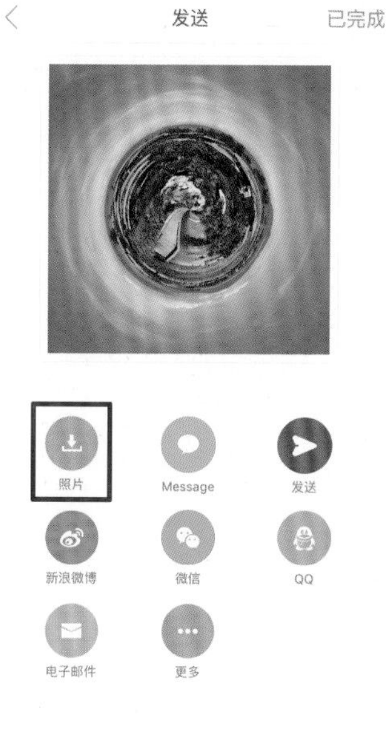

10. 点击【照片】进行保存，或者直接分享到社交网站上

星球效果欣赏

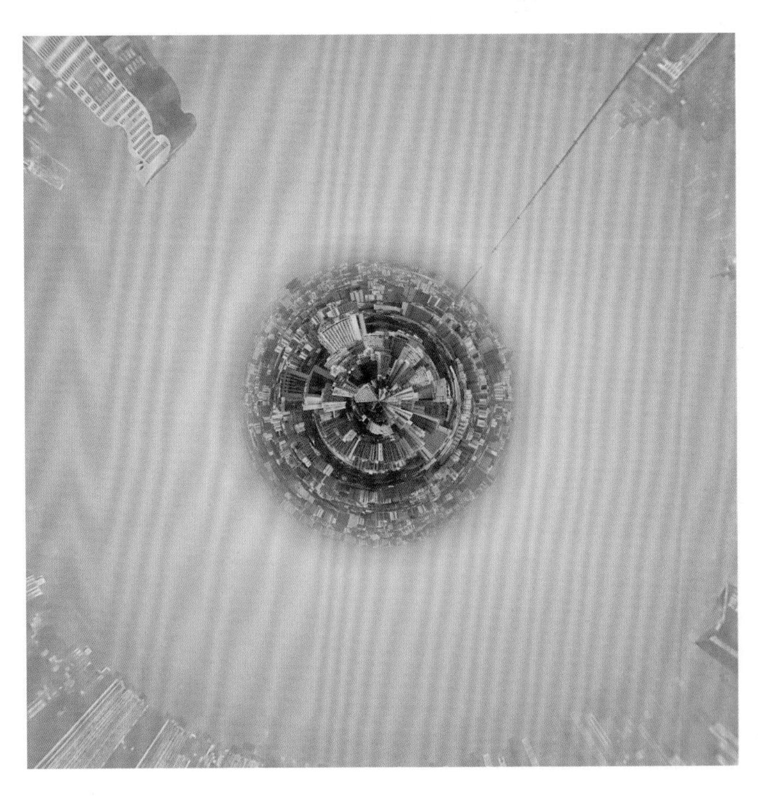

星球效果欣赏

12.7 独特的动感效果

PicsArt软件中的【运动】工具，可以让画面开启运动模式，利用【运动】工具选择好主体，再进行适当的设置，就可以生成非常独特的动感效果。具体如何操作呢？下面我们就来看一下。

原图效果

利用PicsArt软件制作的动感效果

1. 将照片导入PicsArt软件，选择【工具】

选择【运动】工具

2. 在【工具】菜单中选择【运动】工具

3. 进入【运动】工作界面后，系统会提示我们选择区域

4. 为了方便操作，对画面进行放大预览

5. 接下来对主体人物进行选择。在勾画过程中，界面右上方会出现实时预览画面

6. 沿着人物的轮廓，小心翼翼地进行选择

7. 将人物轮廓全部选上

8. 人物轮廓选择完成后，将画面恢复成正常预览模式，以便更好地观察运动效果

9. 用手指滑动所选区域，就会出现类似重影的效果。根据人物运动的方向进行反向滑动，就会呈现十分动感的效果

10. 选择【线性】模式，然后设置【数目】的数值。数值越大，重影效果越密集

【数目】为“6”时的效果

【数目】为“44”时的效果

11. 在【线性】模式下，设置【透明度】的值

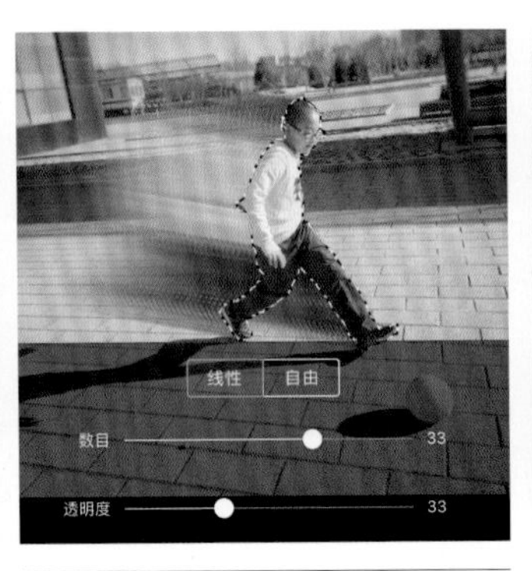

【透明度】为“33”时的效果

【透明度】为“95”时的效果

12. 【自由】模式可以将重影的轨迹自由移动。选择【自由】模式，然后制造重影，并设置其【数目】和【透明度】

【数目】值为“11”、【透明度】为“55”时的效果

【数目】值为“42”、【透明度】为“18”时的效果

13. 在界面的最下方，可以看到有【正常】、【屏幕】、【添加】三种效果。【正常】效果是默认效果，我们看一下其他两种效果

14. 选择【屏幕】模式时画面所显示的效果

15. 选择【添加】模式时画面所显示的效果

16. 根据画面的需要，设置相应的数值，得到想要的效果

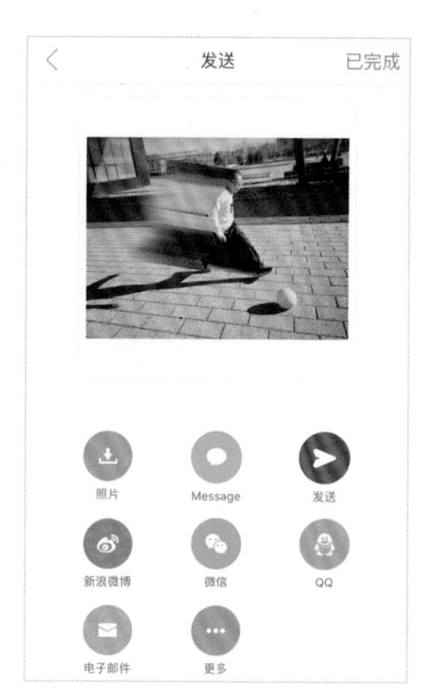

17. 对效果满意后点击【应用】，最后保存照片或直接分享到社交网站上即可

12.8 制作出科技感十足的照片

相信经常关注手机新闻的朋友都看到过这样的新闻：某某手机的概念版（或未来版）问世，画面显得非常有科技感，无边框无背景的透明设计非常拉风。其实，使用PicsArt也可以做出类似的画面效果，下面我们一起来了解一下。

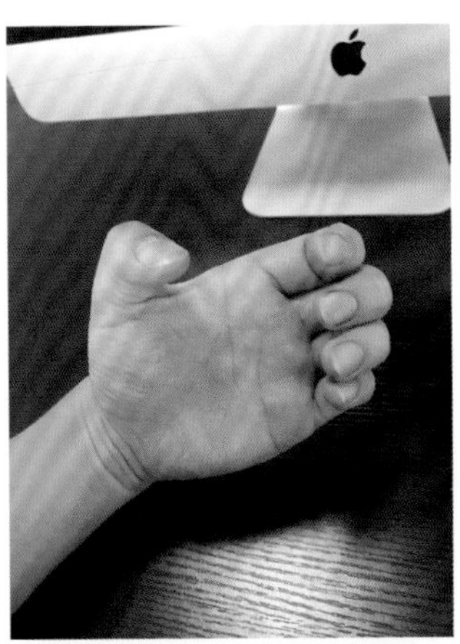

制作之前，需要拍摄一张模拟手握手机的照片，以及一幅手机界面截屏

利用PicsArt软件制作出科技感十足的照片

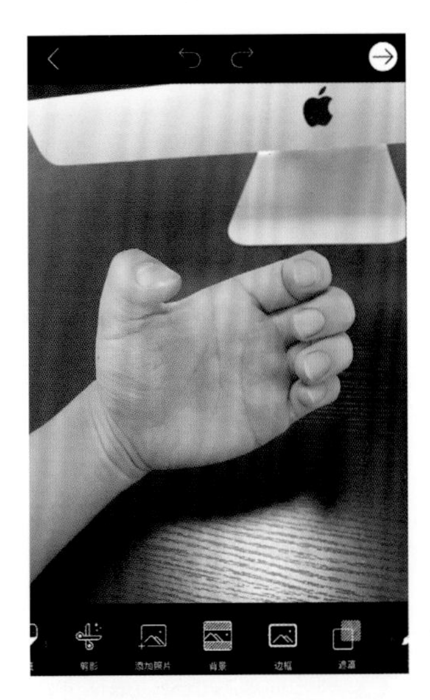

1. 将模拟手握手机的照片导入PicsArt软件

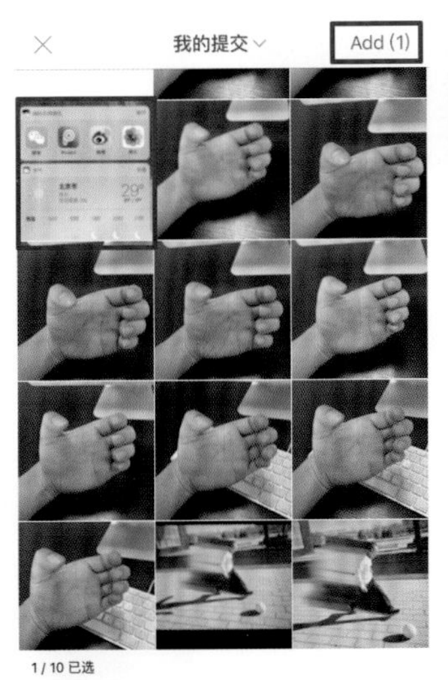

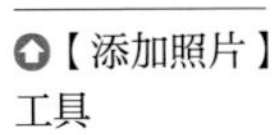

【添加照片】工具

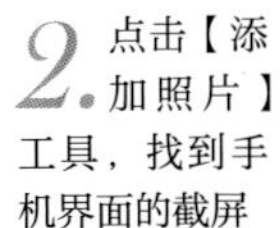

2. 点击【添加照片】工具，找到手机界面的截屏

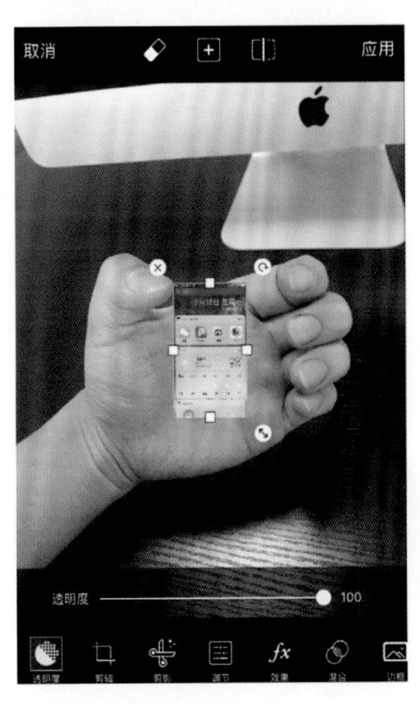

3. 将手机界面的截屏导入软件

4. 根据手的姿势，调整手机界面截屏的大小及倾斜度

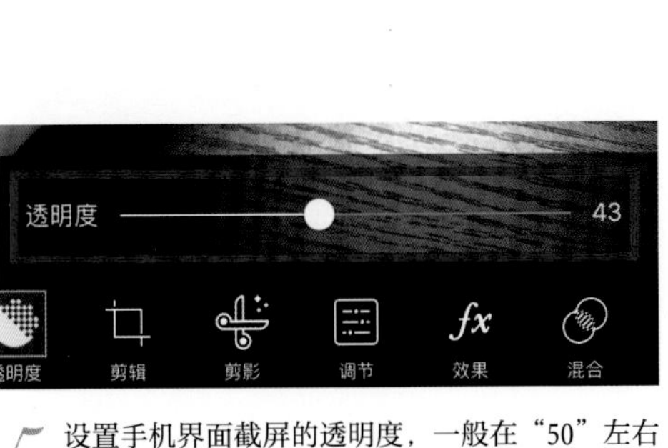

5. 设置手机界面截屏的透明度，一般在“50”左右即可，这里我们设置为“43”

6. 调整透明度值，让该截屏呈现出半透明的效果

选择【橡皮擦】工具

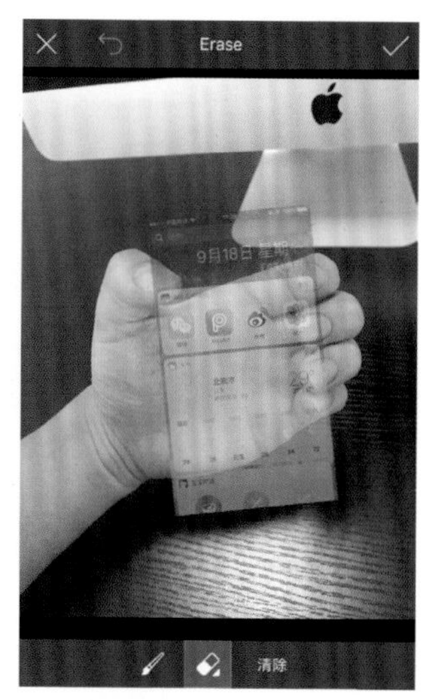

7. 只调整透明度还不够，还需要【橡皮擦】工具配合

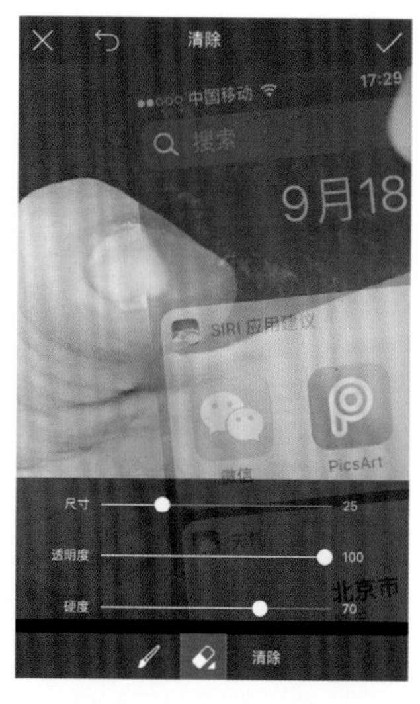

8. 将画面放大预览，根据手握手机的动作，擦除手机截屏的部分区域，以露出部分手指

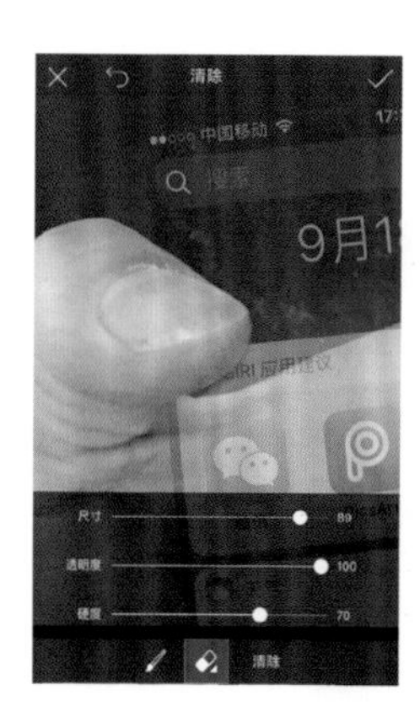

9. 擦除时一定要细心，不可求快。先将大拇指擦出来

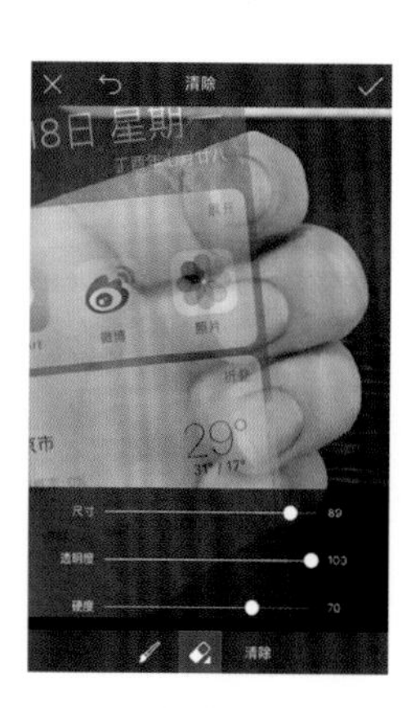

10. 移动画面，然后擦出其他四个手指

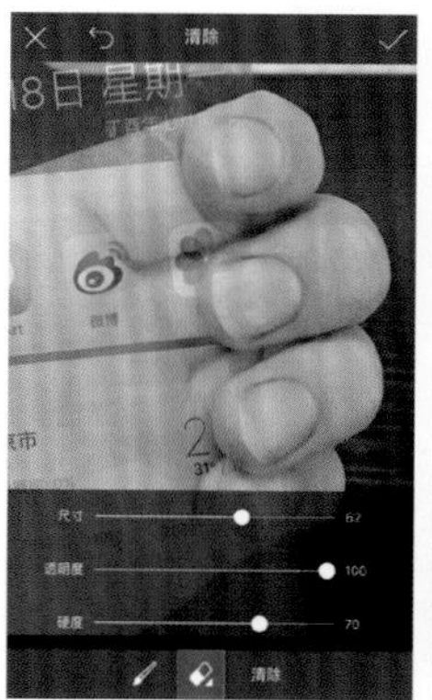

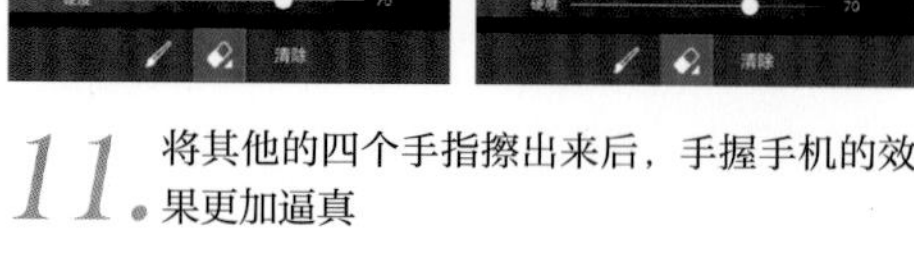

11. 将其他的四个手指擦出来后，手握手机的效果更加逼真

12. 将画面缩小到正常模式，观察调整后的效果

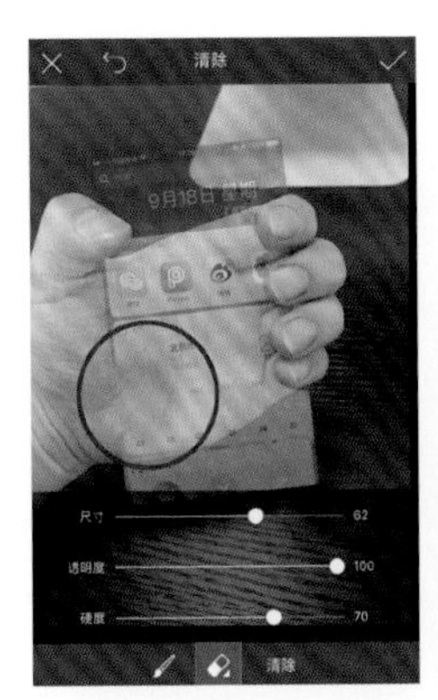

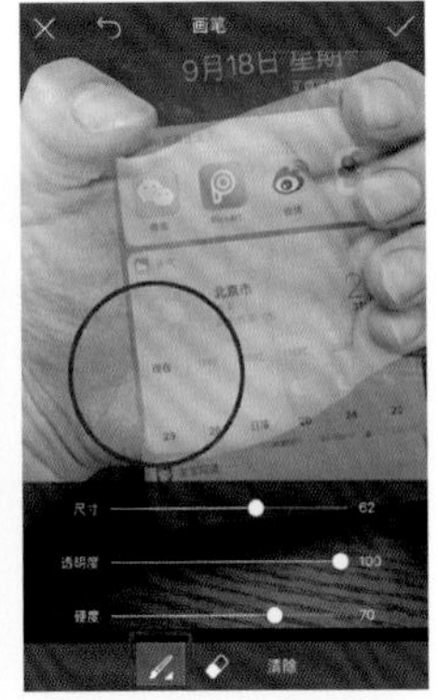

13. 将画面放大，查看细节，并进行适当的微调。如果橡皮擦的擦除有错误，可以利用【铅笔】工具将其修复

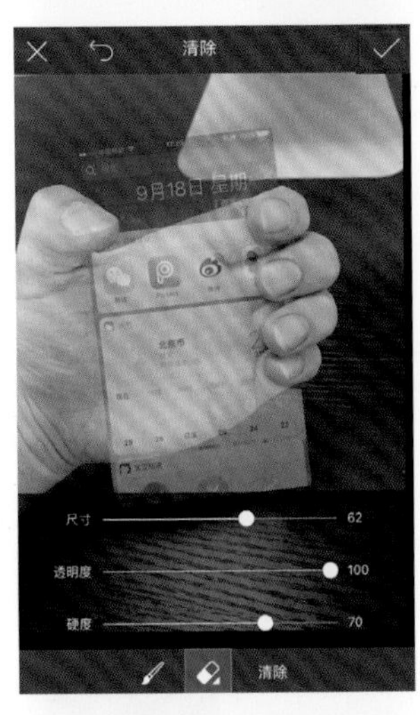

14. 对效果满意后，点击右上方的【√】图标，退出【橡皮擦】工具界面

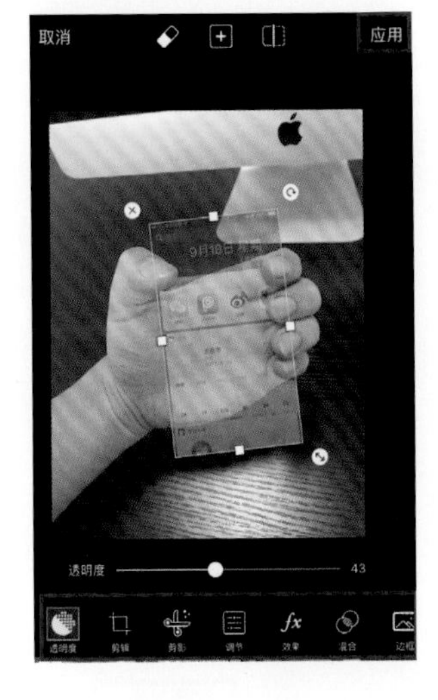

15. 退出【橡皮擦】工具后，还可以对手机界面截图做相应的调整。如果无需调整，点击【应用】

16. 退出【添加照片】操作界面后，可以对照片整体进行调整，或者点击右上角的箭头标志进行保存的操作

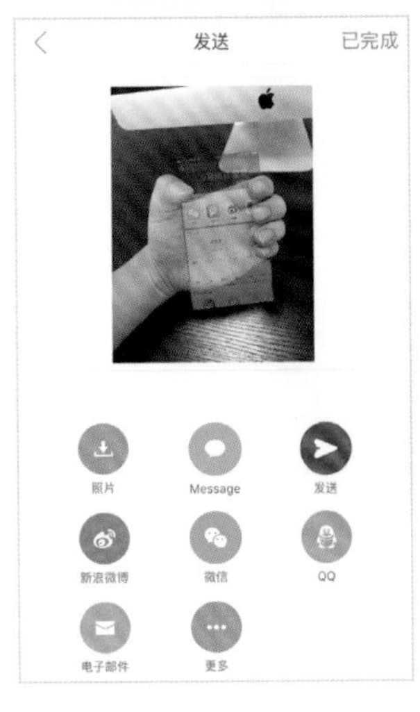

17. 对效果满意后点击【应用】，最后保存照片或直接分享到社交网站上即可

12.9 制作出文字分割的效果

在前面的内容中，我们介绍了PicsArt软件的【文本】工具。利用【文本】工具可以为画面添加文字内容，并且文字的样式也是多种多样的。在这里，我们将向大家介绍利用【文本】工具制作出文字分割的效果，下面是制作的案例。

选择一个用于添加文字的素材

利用PicsArt软件制作的文字分割效果

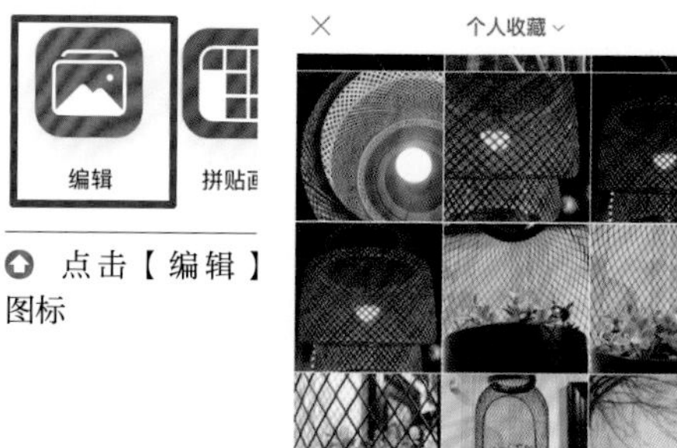

点击【编辑】图标

1. 打开PicsArt软件，点击【编辑】图标

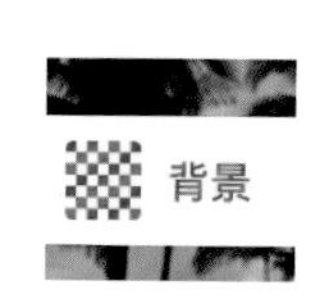

【背景】图标

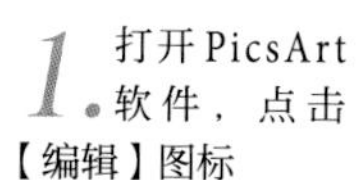

2. 进入【编辑】界面后，点击【背景】图标，或直接用手指向左滑动屏幕，进入【背景】设置界面

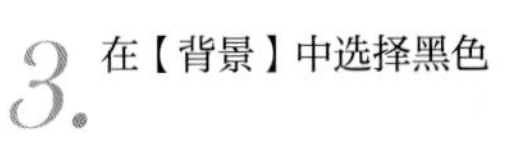
3. 在【背景】中选择黑色

4. 生成黑色的工作界面，点击【文本】工具

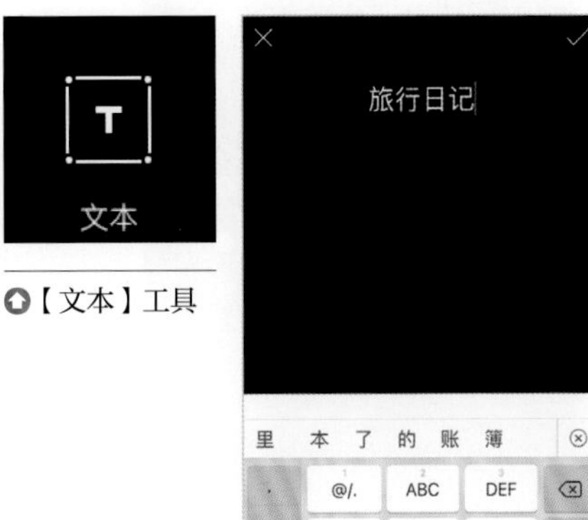

【文本】工具

5. 进入【文本】界面后，输入想要的文字内容，然后点击右上角的【√】图标

6. 调整文字的大小及位置

7. 点击【+】图标，继续添加文字

8. 输入汉字“一”

9. 将“一”调大

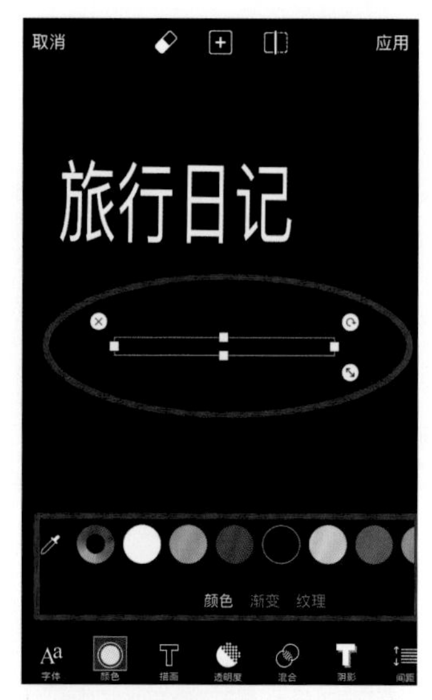

10. 将“一”的字体颜色设置为黑色

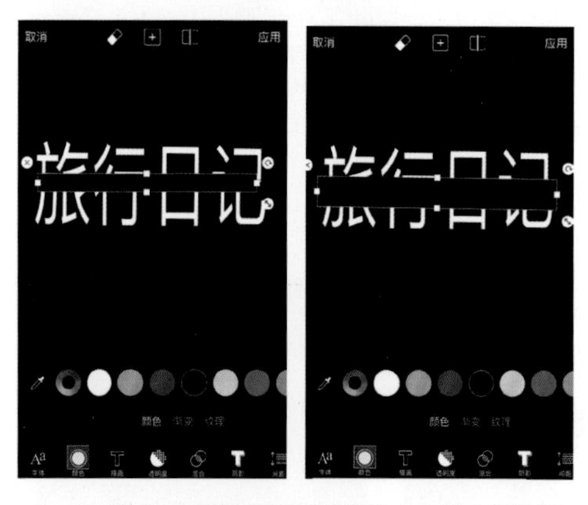

11. 将“一”字放在“旅行日记”文字的中间位置，并进行适当的微调处理

12. 点击【 + 】图标，继续添加文字

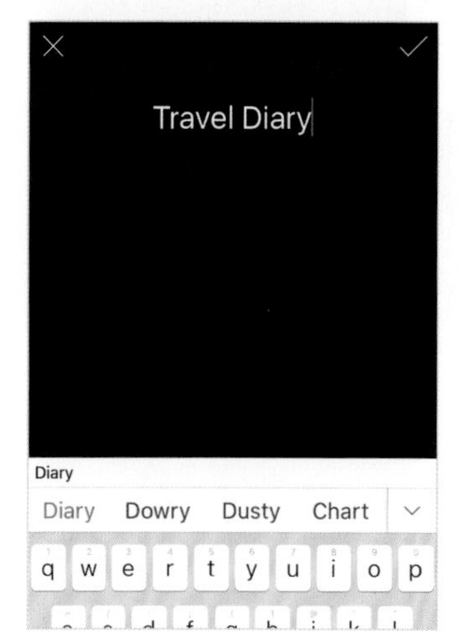

13. 输入“旅行日记”的英文“Travel Diary”

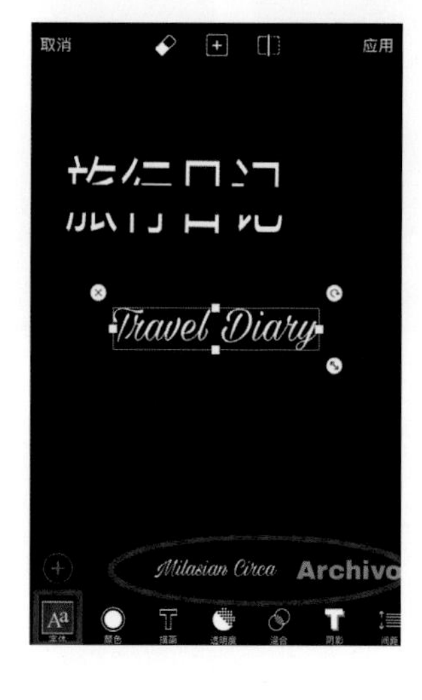

14. 可以设置比较有艺术效果的英文字体

15. 设置英文字体的大小，以便将其放在中文“旅行日记”中间的位置

16. 将英文“Travel Diary”放在中文“旅行日记”中间的黑色位置上

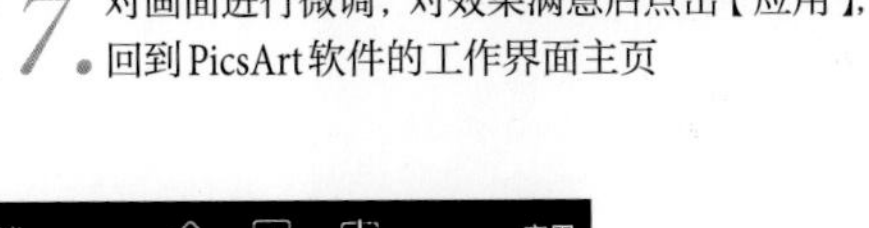

17. 对画面进行微调，对效果满意后点击【应用】，回到PicsArt软件的工作界面主页

添加照片

【添加照片】工具

18. 点击【添加照片】工具，找到之前选择的素材

19. 将照片导入PicsArt软件中

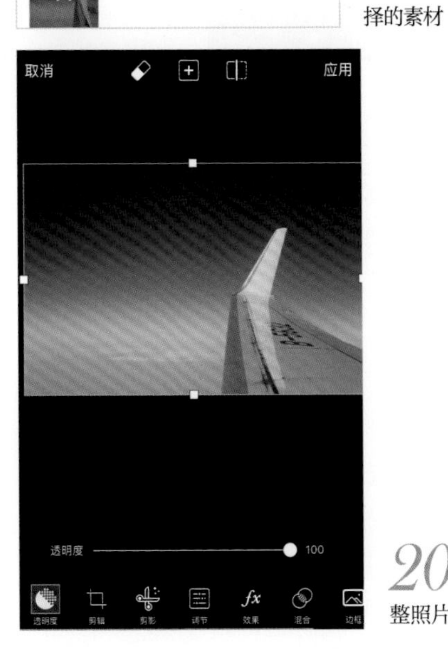

20. 根据需要，调整照片的大小

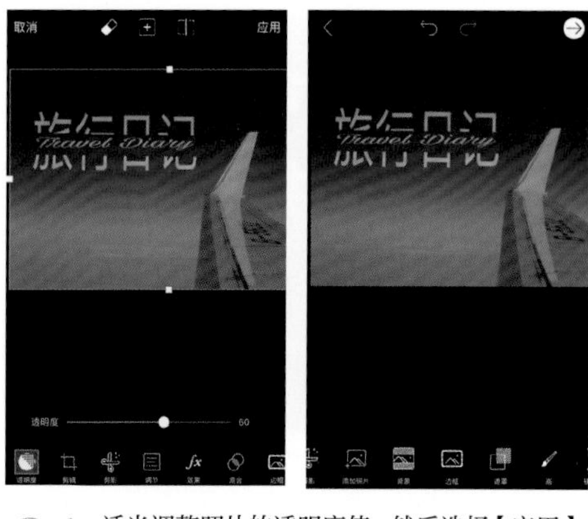

21. 适当调整照片的透明度值，然后选择【应用】，回到PicsArt软件的工作界面主页

调节

【调节】工具

22. 点击【工具】，然后选择【调节】工具，对画面进行微调处理

23. 适当调整画面的亮度，这里我们将亮度值设置为“22”

24. 适当调整对比度，这里我们将对比度值设置为“25”。画面调整完成后点击【应用】

25. 如无需再调整，点击右上角的向右箭头图标

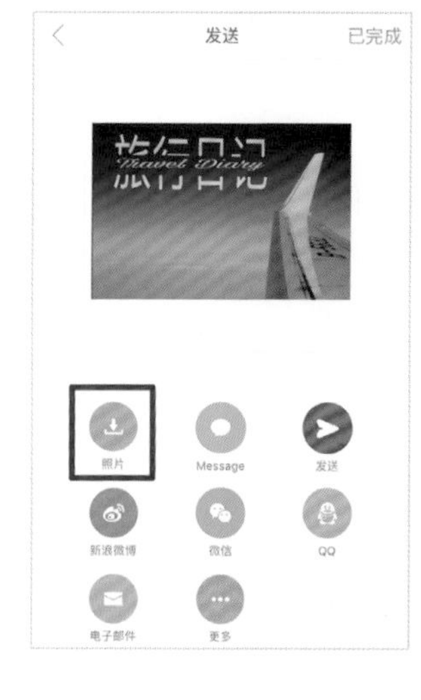

26. 最后保存照片或直接分享到社交网站上即可

12.10 制作个性手机锁屏壁纸

PicsArt软件可以制作出很多好玩的效果，手机锁屏壁纸就是其中之一。但在制作之前，我们先要选择出10张主题相同的照片，用来制作按键图标；可以是卡通人物，也可以是水果，或者是爱人的照片。这里我们选择太阳系的八大行星以及太阳和冥王星作为素材。下面是具体的制作过程。

用于制作手机锁屏壁纸的星球素材

有意思的锁屏壁纸，应用到手机锁屏壁纸上可以以假乱真，让不知道的人在按密码的时候怎么按也按不动

1. 首先对手机锁屏界面进行截屏

2. 将锁屏画面导入PicsArt软件

【添加照片】工具

3. 点击【添加照片】，然后选择准备好的星球照片。此外，【添加照片】功能最多可一次添加10张照片

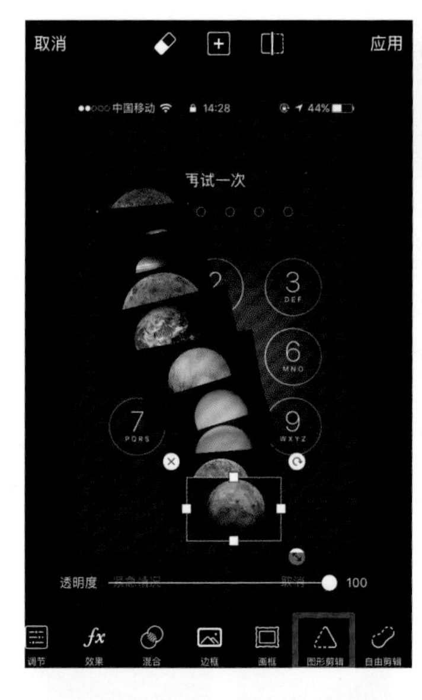

图形剪辑

【图形剪辑】工具

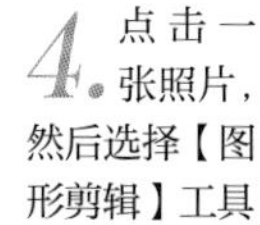

4. 点击一张照片，然后选择【图形剪辑】工具

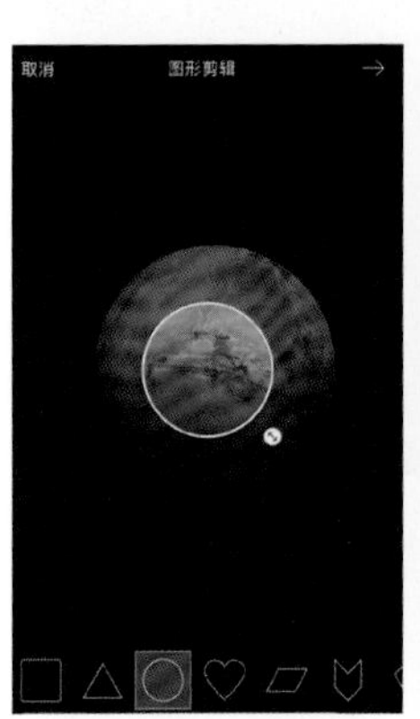

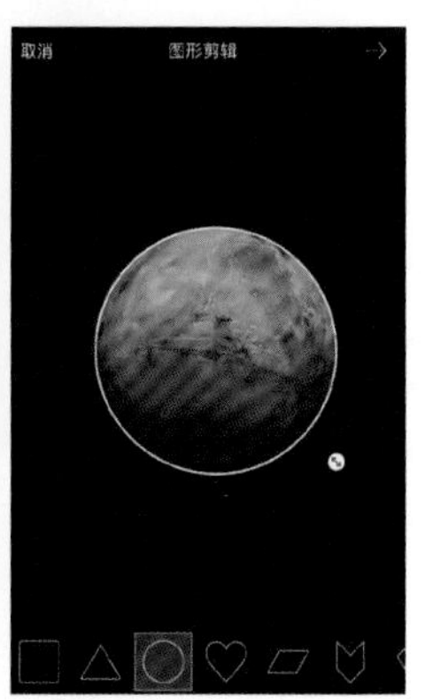

5. 将图形设置为圆形，然后根据火星来调整圆形的大小和位置

6. 适当调整圆形的轮廓尺寸，这里我们将其尺寸设置为“5”。切记，在处理后面的星球照片时，尺寸应保持一致

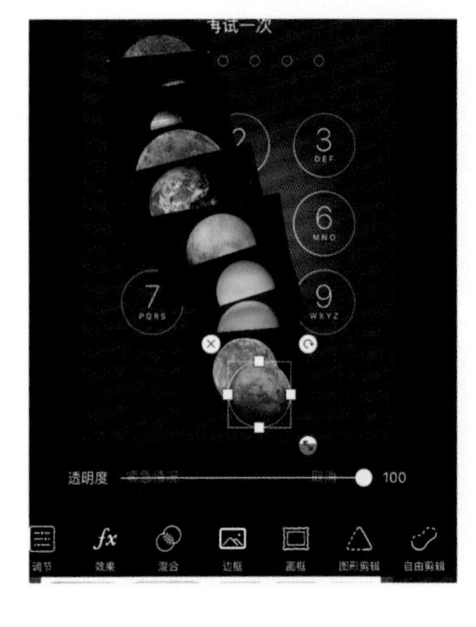

7. “图形剪辑”设置完成后的效果

8. 为了避免其他星球的照片妨碍操作，将它们都移到屏幕上方

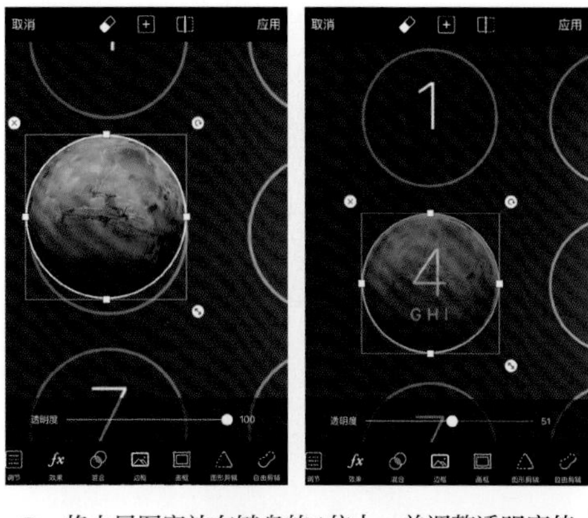

9. 将火星图案放在键盘的4位上，并调整透明度值，这里我们将其设置为“51”

图形剪辑

【图形剪辑】工具

10. 选择一张水星的照片，并点击【图形剪辑】

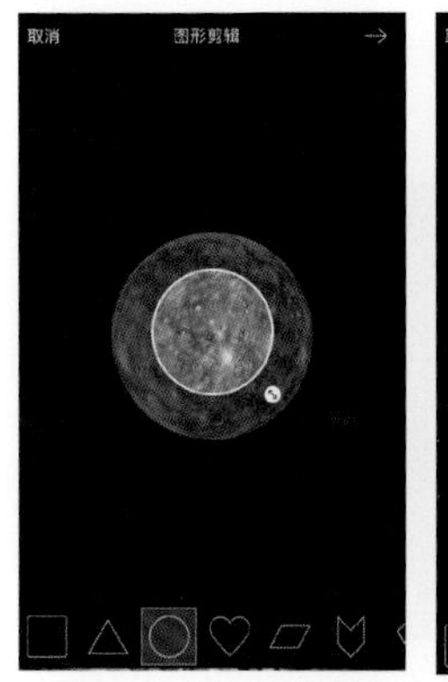

11. 同样将图形设置为圆形，然后根据水星来调整圆形的大小和位置

12. 适当调整圆形的轮廓尺寸，与之前的火星一样，将其尺寸设置为“5”

13. 按照同样的方法，对其他星球的照片进行编辑

14. 依次将其他星球安排在各个按键位置上

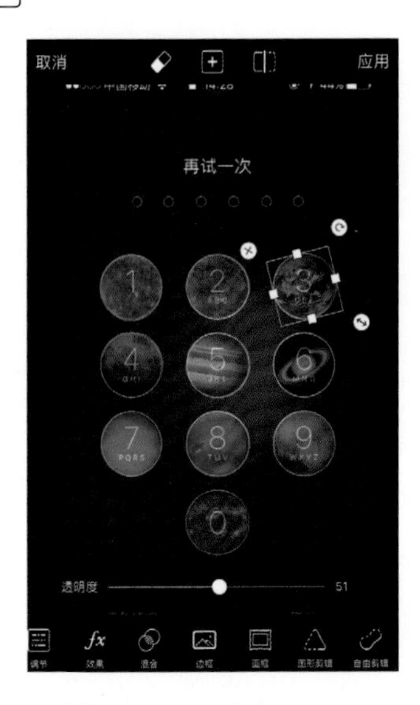

15. 检查画面，并进行适当的微调，对效果满意后点击【应用】

【克隆】工具

16. 由于手机截屏上还有运营商、电量、信号、时间等信息，我们可以用【克隆】工具让它们消失

17. 进入【克隆】工具界面，把目标工具放在空白处，然后在无关的字和图案上克隆空白区域，也就相当于将其去掉。对效果满意后点击【应用】，最后保存照片

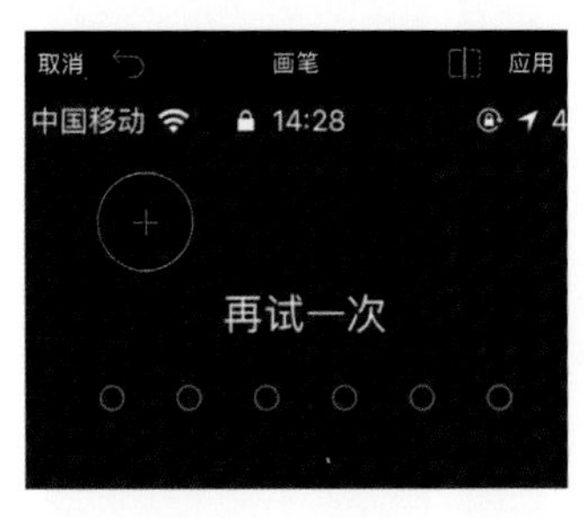

将目标工具放在空白区域

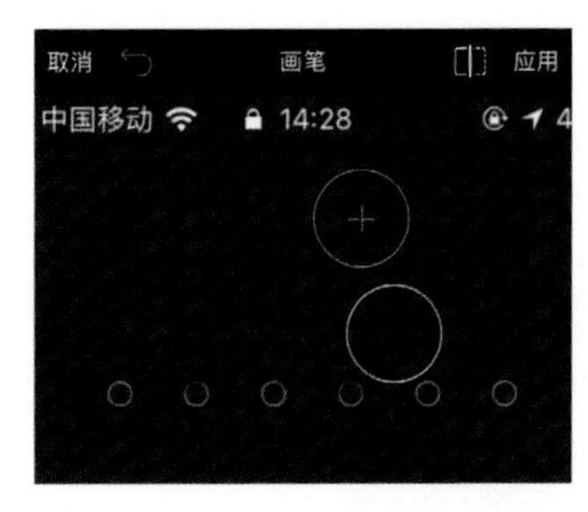

在“再试一次”文字的区域克隆空白区域

12.11 制作人物站在手机上的趣味效果

PicsArt软件的功能多种多样，而且应用起来也非常灵活，可以制作出很多有意思的效果。下面的这种效果看起来就非常有趣——人物站在手机上。在制作时，我们主要运用了PicsArt软件的抠图功能，也就是【工具】菜单中的【选择】。下面是具体的操作过程。

制作人物站在手机上的效果，需要准备如图所示的这两种素材的照片

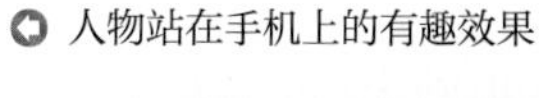

人物站在手机上的有趣效果

1. 将人物照片导入PicsArt软件，选择【工具】

【选择】工具

2. 在【工具】菜单中点击【选择】工具

【画笔】工具

3. 进入【选择】工具菜单后，选择【画笔】工具

4. 将画面放大，并调整画笔的尺寸

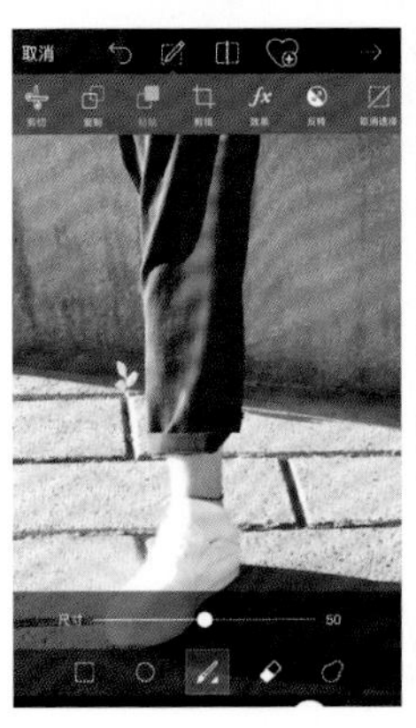

5. 利用较小的尺寸，涂抹人物腿部等较小的区域

6. 将尺寸调大，涂抹人物腹部等较大的区域

7. 直到将人物涂抹完毕

心形带加号的图标

8. 点击界面顶部的心形带加号的图标，可以把涂抹的人物保存到【我的贴纸】中，也就相当于把人物抠出来了

9. 将涂抹的人物保存到【我的贴纸】后，退出软件再重新进入，并导入另一张素材照片

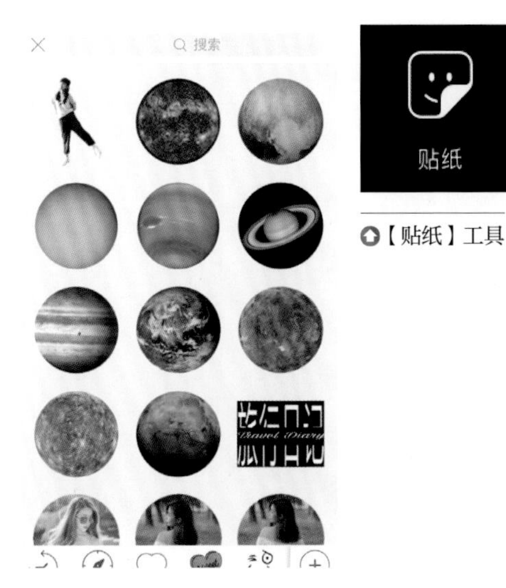

【贴纸】工具

10. 点击【贴纸】工具，进入贴纸菜单，可以找到刚才抠出的人物照片

可以对添加的贴纸照片进行调整

11. 在贴纸中，选择刚才抠出的人物照片，并调整人物的大小及方向

12. 可以对添加的贴纸照片进行亮度、对比度等信息的调整

13. 调整人物之后，点击橡皮擦工具，对之前抠图不完美的地方进行修饰性擦除

对照片进行放大预览，并调整橡皮擦的尺寸和硬度，对人物轮廓进行精细的擦除

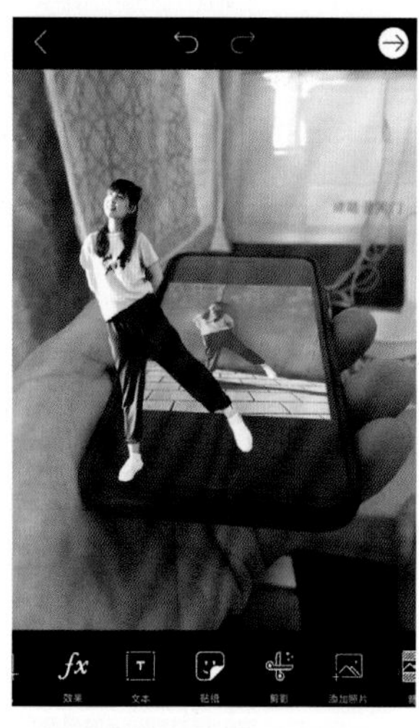

14. 对人物轮廓修饰完毕后，来到PicsArt的工作界面主页，选择【效果】工具

15. 选择一款合适的滤镜效果，让画面更有感觉

16. 再次查看照片，看是否还需要调整，如果不需要调整，点击右上方的箭头标志

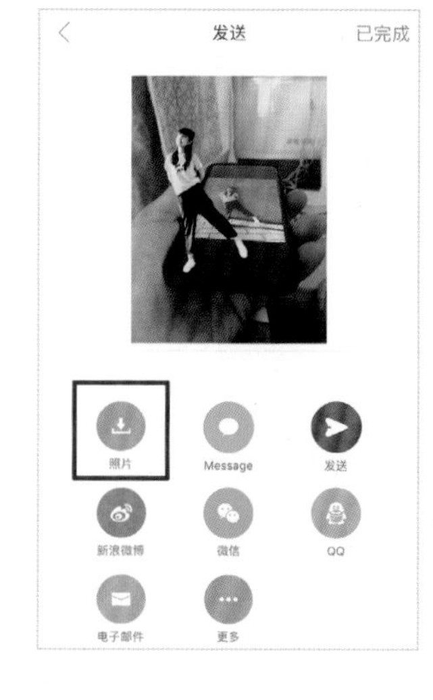

17. 点击【照片】进行保存，或直接分享到朋友圈即可

第 13 章

MIX软件基本功能介绍

经常使用手机修图软件的朋友应该都知道，为照片添加滤镜效果是最简单实用的后期操作，一般都是一键添加，无需其他烦琐步骤，而得到的效果却非常明显，可以让一幅非常普通的照片显得很有气氛。

接下来要介绍的MIX滤镜大师软件，为我们提供了非常丰富的滤镜效果选择，除了软件默认的滤镜效果，还有很多可供用户下载的滤镜效果，也可以自己设置滤镜效果并收藏。另外，MIX滤镜大师除了拥有这些滤镜，还有一些最基本的修图功能，在下面的内容，我们先简单介绍一下MIX软件拥有的基本调整功能。

13.1 不同的裁剪模式

MIX滤镜大师中的裁剪工具，有多种裁剪模式供选择。这些裁剪模式可以满足我们二次构图的需要，包括进行最基础的裁剪、水平角度的调整、镜面翻转等。下面我们就来简单了解一下这些功能。

【编辑】图标

1. 打开MIX软件并选择【编辑】图标

2. 选择需要调整的照片，导入软件中

【裁剪】图标

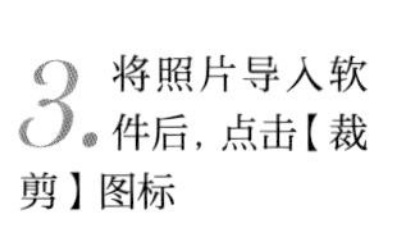

3. 将照片导入软件后，点击【裁剪】图标

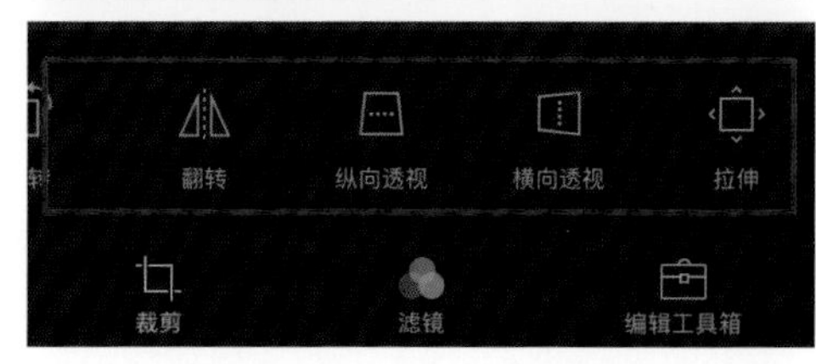

4. 进入【裁剪】菜单后，可以看到有水平、长宽比、旋转、翻转、纵向透视、横向透视、拉伸这7种模式

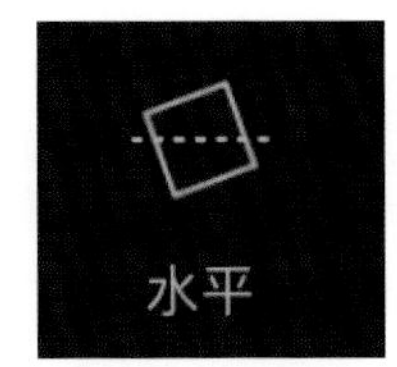

【水平】工具

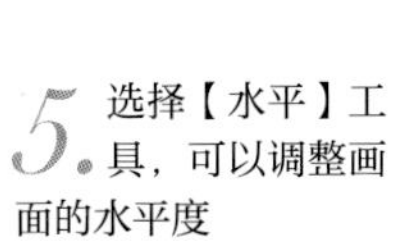

5. 选择【水平】工具，可以调整画面的水平度

6. 向右滑动坐标尺，画面向右倾斜

7. 向左滑动坐标尺，画面向左倾斜

【长宽比】工具

8. 选择【长宽比】工具，可以进行自由裁剪，也可以选择预设的长宽比比例进行裁剪

9. 选择【Free】模式，可以自由设置裁剪的比例

10. 另外，软件还提供了很多预设的长宽比裁剪模式

【旋转】工具

11. 选择【旋转】工具，可以对照片进行旋转处理

【翻转】工具

12. 选择【翻转】工具，可以对照片进行镜面翻转处理

◎【纵向透视】工具

13. 选择【纵向透视】工具，可以调整画面纵向的透视效果

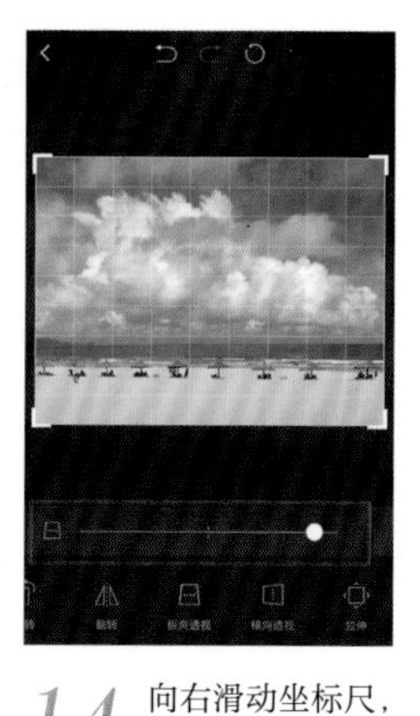

14. 向右滑动坐标尺，增加了云彩区域的透视效果

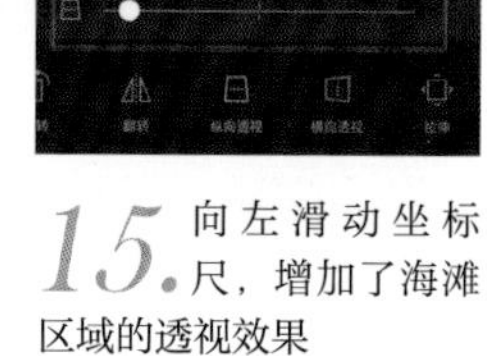

15. 向左滑动坐标尺，增加了海滩区域的透视效果

◎【横向透视】工具

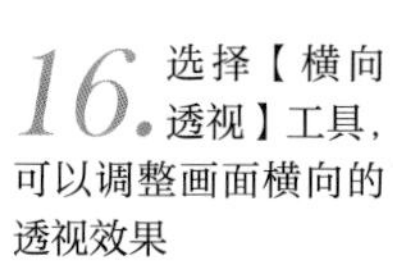

16. 选择【横向透视】工具，可以调整画面横向的透视效果

17. 向右滑动坐标尺，右侧区域被拉近

18. 向左滑动坐标尺，左侧区域被拉近

◎【拉伸】工具

19. 选择【拉伸】工具，可以对画面进行横向或纵向的拉伸调整

20. 向右滑动坐标尺，画面被横向拉伸

21. 向左滑动坐标尺，画面被纵向拉伸

13.2 MIX软件对色彩的调整

在MIX软件的【编辑工具箱】里，还有很多可以调整画面色彩的工具，比如色温、色调、曲线、色相/饱和度等工具。利用这些工具调整画面的方法，与Snapseed软件和PicsArt软件都是相同的道理。下面我们就来简单了解一下MIX软件中可以调整色彩的工具。

【编辑】图标

1. 首先打开MIX软件，并选择【编辑】图标

2. 选择需要调整的照片，导入软件中

【编辑工具箱】图标

3. 将照片导入软件后，点击【编辑工具箱】图标

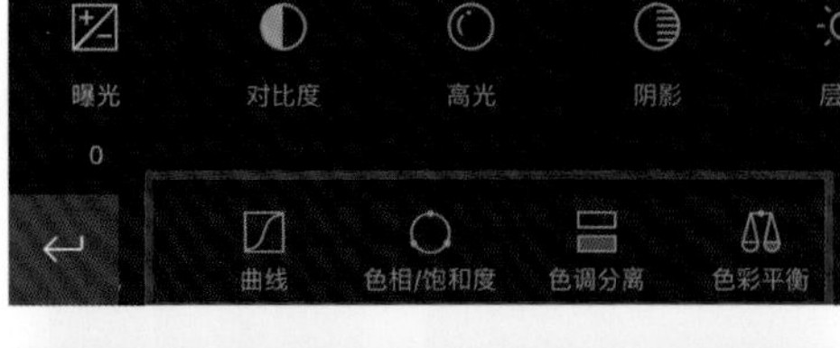

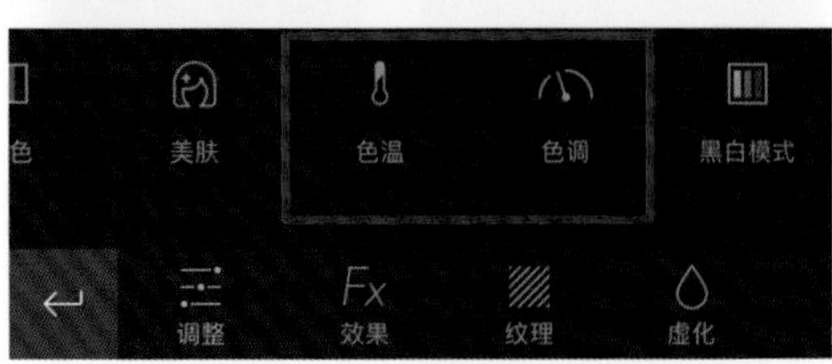

4. 进入【编辑工具箱】后，通过手指滑动界面，可以找到曲线、色相/饱和度、色调分离、色温等工具，它们可以对画面的色彩进行调节

【色温】工具

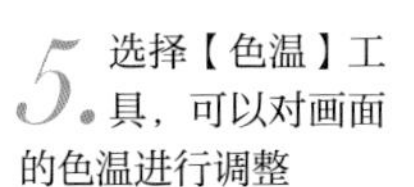

5. 选择【色温】工具，可以对画面的色温进行调整

6. 色温为“+65”时的画面效果

7. 色温为“-54”时的画面效果

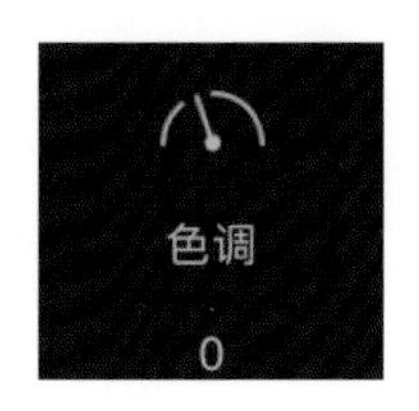

【色调】工具

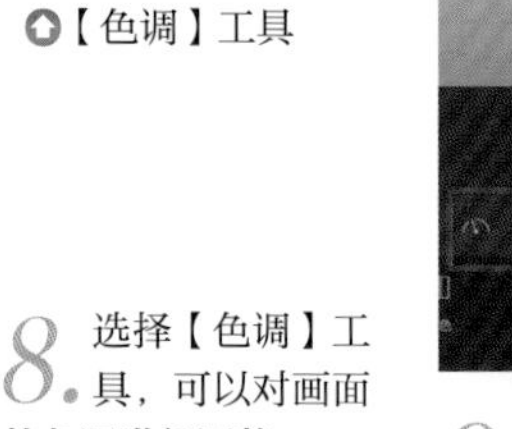

8. 选择【色调】工具，可以对画面的色调进行调整

9. 色相为“+44”时的画面效果

10. 色相为“-47”时的画面效果

【曲线】工具

11. 选择【曲线】工具，通过调整曲线改变画面效果

可以选择红、绿、蓝通道进行设置

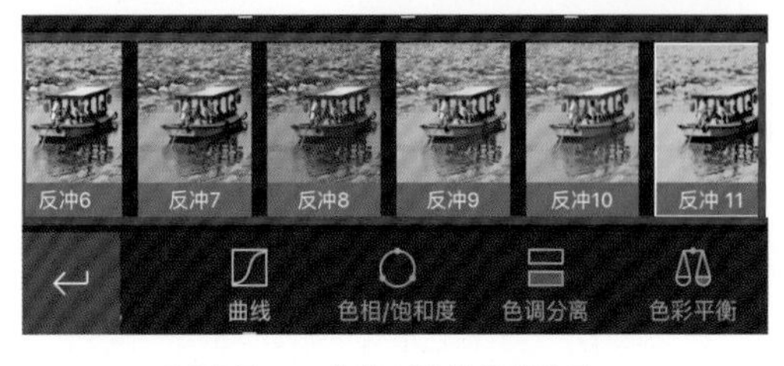

12. 可以选择MIX软件预设的曲线效果

13. 选择白色通道对画面进行调整

14. 选择红色通道对画面进行调整

15. 选择绿色通道对画面进行调整

16. 选择蓝色通道对画面进行调整

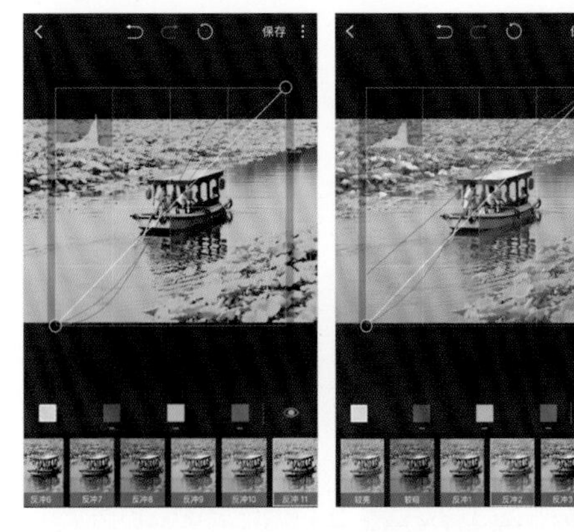

17. 选择MIX软件所提供的曲线预设效果

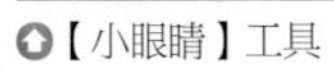

【小眼睛】工具

18. 点击【小眼睛】图标，可以隐藏曲线，以便更好地查看画面效果

【饱和度】工具

19. 选择【饱和度】工具，对整体画面进行饱和度的调整

20. 将饱和度值设置为“52”的效果

21. 将饱和度值设置为“-46”的效果

【自然饱和度】工具

22. 选择【自然饱和度】工具，对整体画面进行自然饱和度的调整

23. 将自然饱和度的值设置为“67”的效果

24. 将自然饱和度的值设置为“-57”的效果

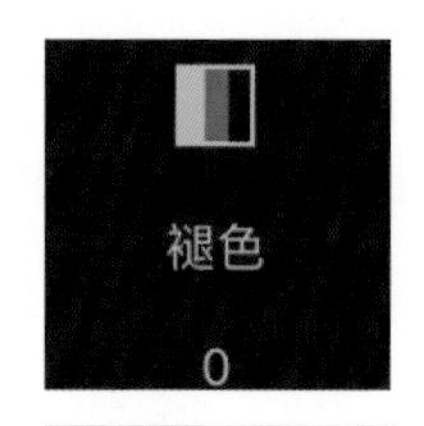

【褪色】工具

25. 选择【褪色】工具，对整体画面进行褪色的调整

26. 将褪色值设置为“38”的效果

27. 将褪色值设置为“88”的效果

【色相/饱和度】工具

28. 选择【色相/饱和度】工具，对色相及饱和度进行调整

29. 选择一种颜色，对其色相、饱和度、明度进行调整。这里选择的是绿色

30. 选择黄色，调整其色相、饱和度和明度

【色调分离】工具

31. 选择【色调分离】工具，进行色调分离的调整

32. 色相为39°、饱和度调整为“62”的效果

33. 色相为247°、饱和度调整为“21”的效果

【色彩平衡】工具

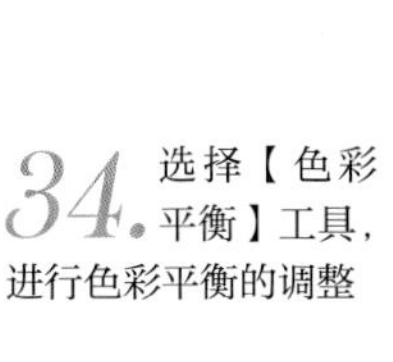

34. 选择【色彩平衡】工具，进行色彩平衡的调整

35. 调整相应的数值，查看画面效果

36. 可以尝试不同的数值，以得到满意的效果

13.3 MIX软件对曝光的调整

MIX软件除了可以对画面进行二次构图和色彩调整，还可以进行曝光方面的调整，而且调整工具也是非常丰富的，比如高光、阴影、层次、对比度等。这些工具的调整方法也和前面介绍的两个软件一样。下面我们就来简单了解一下这些工具。

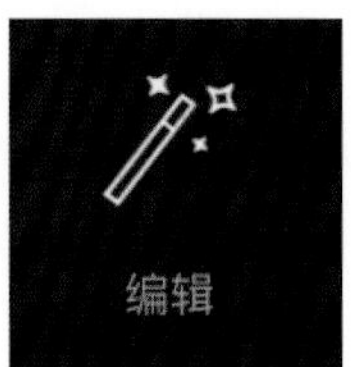

【编辑】图标

1. 首先打开MIX软件，并选择【编辑】图标

2. 选择需要调整的照片，导入软件中

【编辑工具箱】图标

3. 将照片导入软件后，点击【编辑工具箱】图标

暗角和中心亮度调整工具

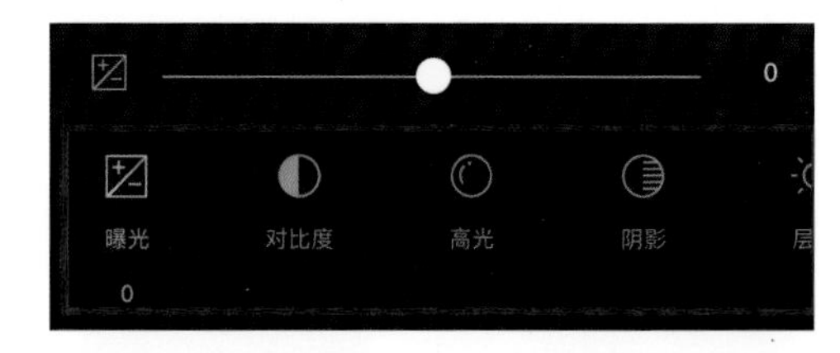

4. 进入【编辑工具箱】后，通过手指滑动界面，可以找到曝光、对比度、高光、阴影、暗角、中心亮度等工具，它们可以调整画面的明暗效果

【曝光】工具

5. 选择【曝光】工具，对画面的明暗进行调整

6. 将曝光值设置为“50”的画面效果

7. 将曝光值设置为“-20”的画面效果

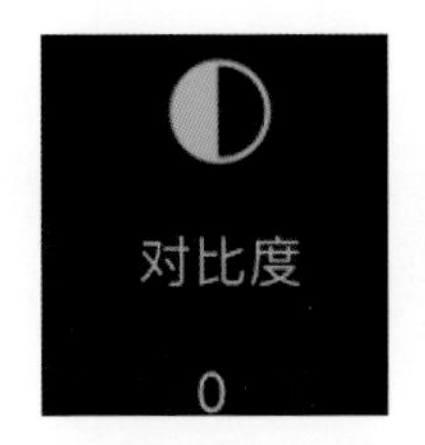

【对比度】工具

8. 选择【对比度】工具，对画面的对比度进行调整

9. 将对比度的值设置为“80”的画面效果

10. 将对比度的值设置为“-60”的画面效果

【高光】工具

11. 选择【高光】工具，对画面的高光区域进行调整

12. 将高光值设置为“90”的画面效果

13. 将高光值设置为“-70”的画面效果

⊙【阴影】工具

14. 选择【阴影】工具，对画面的阴影区域进行调整

15. 将阴影值设置为"81"的画面效果

16. 将阴影值设置为"-65"的画面效果

⊙【暗角】工具

17. 选择【暗角】工具，可以为画面添加暗角效果

18. 将暗角值设置为"19"的画面效果

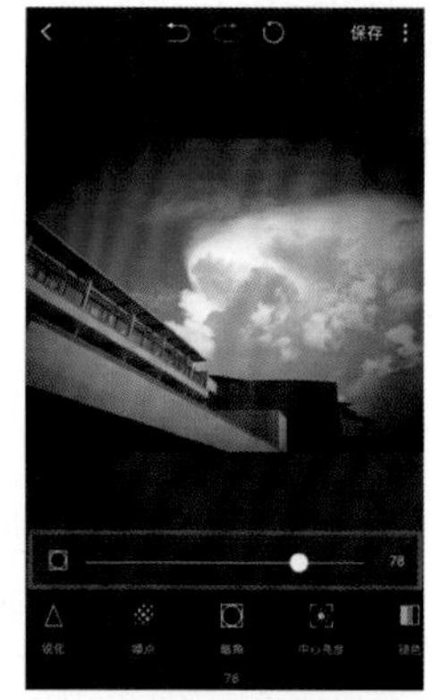

19. 将暗角值设置为"78"的画面效果

⊙【中心亮度】工具

20. 选择【中心亮度】工具，对画面中心区域进行调整

21. 将中心亮度值设置为"28"的画面效果

22. 将中心亮度值设置为"76"的画面效果

MIX软件中丰富的滤镜效果

MIX滤镜大师为我们提供了丰富的滤镜效果，而且这些滤镜效果的色彩搭配也十分出色，为原图换上滤镜后，可以瞬间提升照片的吸引力。另外，MIX滤镜大师作为滤镜软件中的佼佼者，其不仅有软件默认的那些滤镜效果，还有很多免费下载与付费下载的滤镜效果供我们选择。

另外，在对一幅画面进行设置后，还可以将画面展现出的效果设置成为自定义滤镜，供其他照片使用。下面向大家介绍MIX软件中一些经典的滤镜效果。

14.1 编辑工具箱中的滤镜效果

进入MIX软件的编辑界面后，我们会看到【裁剪】菜单、【滤镜】菜单、【编辑工具箱】菜单。在前面介绍【编辑工具箱】菜单时，我们已经了解了它的很多基本调整功能，其实在【编辑工具箱】里也有很多丰富的滤镜效果，主要是【Fx效果】菜单和【纹理】菜单中的效果。下面我们就挑选一些精彩实用的效果进行介绍。

14.1.1 编辑工具箱中的Fx效果

在Fx效果菜单中，MIX为我们提供了丰富的滤镜效果。在这些效果中，有怀旧风格的、时尚风格的、抽象风格的，另外还有能为天空添加云彩及星空效果的滤镜。

【编辑】图标

1. 首先打开MIX软件，并选择【编辑】图标

2. 选择需要调整的照片，导入软件中

编辑工具箱

【编辑工具箱】图标

3. 将照片导入软件后，点击【编辑工具箱】图标

【Fx效果】图标

4. 进入【编辑工具箱】后，选择【Fx效果】图标，即可看到滤镜效果

5. 进入【Fx效果】界面后，点击【胶片】效果的图标，将【胶片】效果的选项缩回，这样可以看到其他滤镜效果

6. 当我们选择好一款滤镜效果后，可以点击【保存】，也可以点击【保存】图标右侧的三点图标，三点图标中可以进行保存并替换、保存滤镜、局部修整等设置

【Fx效果】中的胶片、美肤、自拍、时尚、黑白等

【Fx效果】中的Loft、LOMO、复古、单色等

【Fx效果】中的HDR、风暴、天空、星空、素描、卡通

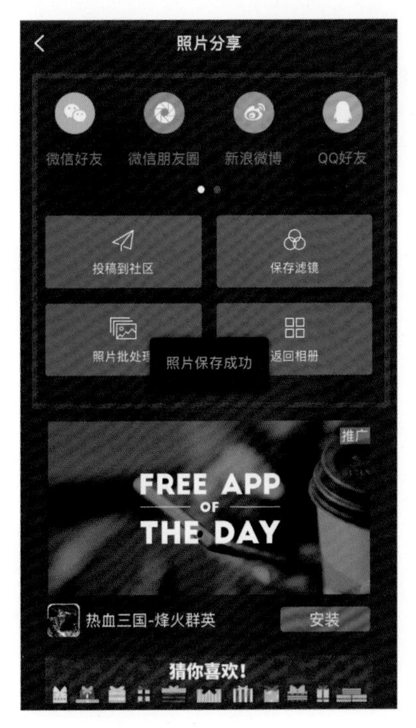

7. 保存照片后，会转到新的界面，可以将照片分享到社交平台上

胶片效果

【胶片】滤镜

1. 将照片导入MIX的【编辑工具箱】中，在【Fx效果】中，选择【胶片】，并尝试多种胶片滤镜效果

2. 胶片滤镜中的F1效果

3. 胶片滤镜中的F2效果

4. 胶片滤镜中的F5效果

5. 胶片滤镜中的F6效果

6. 胶片滤镜中的F7效果

专门用于人像滤镜的美肤、自拍、时尚效果

【美肤】滤镜

1. 在【Fx效果】中，可以找到【美肤】、【自拍】、【时尚】这三种效果，选择【美肤】，并尝试多种美肤滤镜效果

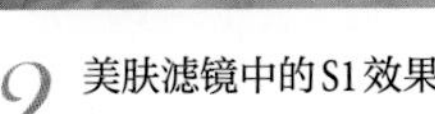

2. 美肤滤镜中的S1效果

3. 美肤滤镜中的S3效果

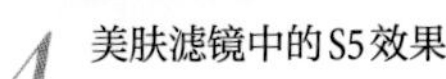

4. 美肤滤镜中的S5效果

5. 美肤滤镜中的S6效果

6. 美肤滤镜中的S7效果

7. 美肤滤镜中的S8效果

【自拍】滤镜

8. 在【Fx效果】中，选择【自拍】，并尝试多种自拍滤镜效果

9. 自拍滤镜中的S2效果

10. 自拍滤镜中的S8效果

11. 自拍滤镜中的S10效果

12. 自拍滤镜中的S15效果

13. 自拍滤镜中的S18效果

14. 自拍滤镜中的S25效果

【时尚】工具

15. 在【Fx效果】中，选择【时尚】，并尝试多种时尚滤镜效果

16. 时尚滤镜中的F1效果

17. 时尚滤镜中的F2效果

18. 时尚滤镜中的F4效果

19. 时尚滤镜中的F6效果

20. 时尚滤镜中的F8效果

21. 时尚滤镜中的F10效果

黑白效果

【黑白】滤镜

1. 将照片导入MIX的【编辑工具箱】中，在【Fx效果】中，选择【黑白】，并尝试多种黑白滤镜效果

2. 黑白滤镜中的B1效果

3. 黑白滤镜中的B2效果

4. 黑白滤镜中的B3效果

5. 黑白滤镜中的B7效果

6. 黑白滤镜中的B10效果

LOMO效果

【LOMO】滤镜

1. 将照片导入MIX的【编辑工具箱】中，在【Fx效果】中，选择【LOMO】，并尝试多种LOMO滤镜效果

2. LOMO滤镜中的L1效果

3. LOMO滤镜中的L2效果

4. LOMO滤镜中的L3 效果

5. .LOMO滤镜中的L6效果

6. .LOMO滤镜中的L8效果

单色效果

【单色】滤镜

1. 将照片导入MIX的【编辑工具箱】中，在【Fx效果】中，选择【单色】，并尝试多种单色滤镜效果

2. 单色滤镜中的M2效果

3. 单色滤镜中的M3效果

4. 单色滤镜中的M5效果

5. 单色滤镜中的M7效果

6. 单色滤镜中的M9效果

HDR效果

【HDR】滤镜

1. 将照片导入MIX的【编辑工具箱】中，在【Fx效果】中，选择【HDR】，并尝试多种HDR滤镜效果

2. HDR滤镜中的H1效果

3. HDR滤镜中的H2效果

4. HDR滤镜中的H3效果

5. HDR滤镜中的H4效果

6. HDR滤镜中的H5效果

风暴效果

【风暴】滤镜

1. 将照片导入MIX的【编辑工具箱】中，在【Fx效果】中，选择【风暴】，并尝试多种风暴滤镜效果

2. HDR滤镜中的S1效果

3. HDR滤镜中的S2效果

4. HDR滤镜中的S3效果

5. HDR滤镜中的S5效果

6. HDR滤镜中的S6效果

天空效果

【天空】滤镜

1. 将照片导入MIX的【编辑工具箱】中，在【Fx效果】中，选择【天空】，并尝试多种天空滤镜效果

2. 天空滤镜中的S1效果

3. 天空滤镜中的S3效果

4. 天空滤镜中的S6效果

5. 天空滤镜中的S8效果

6. 天空滤镜中的S11效果

星空效果

【星空】滤镜

1. 将照片导入MIX的【编辑工具箱】中，在【Fx效果】中，选择【星空】，并尝试多种星空滤镜效果

2. 星空滤镜中的S3效果

3. 星空滤镜中的S4效果

4. 星空滤镜中的S5效果

5. 星空滤镜中的S6效果

6. 星空滤镜中的S7效果

素描效果

【素描】滤镜

1. 将照片导入MIX的【编辑工具箱】中，在【Fx效果】中，选择【素描】，并尝试多种素描滤镜效果

2. 素描滤镜中的S1效果

3. 素描滤镜中的S3效果

4. 素描滤镜中的S4效果

5. 素描滤镜中的S5效果

6. 素描滤镜中的S9效果

卡通效果

【卡通】滤镜

1. 将照片导入MIX的【编辑工具箱】中，在【Fx效果】中，选择【卡通】，并尝试多种卡通滤镜效果

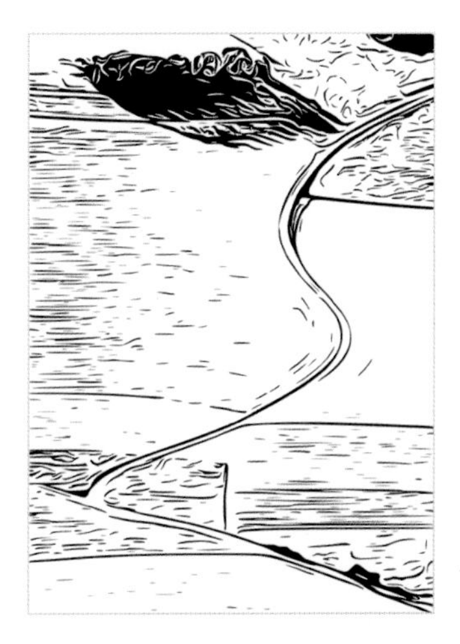

2. 卡通滤镜中的C1效果

3. 卡通滤镜中的C4效果

4. 卡通滤镜中的C5效果

5. 卡通滤镜中的C7效果

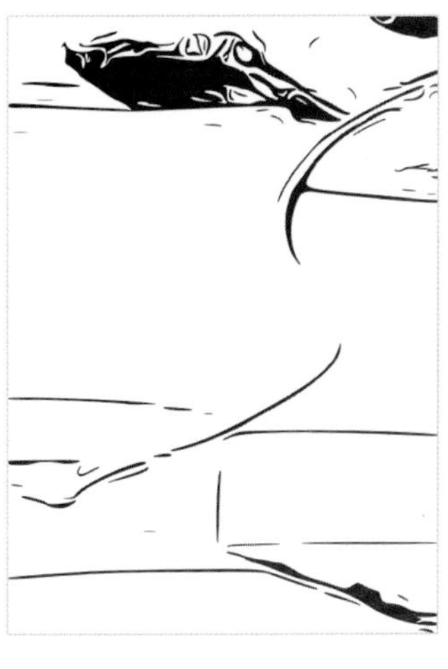

6. 卡通滤镜中的C8效果

14.1.2 编辑工具箱中的纹理效果

MIX软件中的纹理，也是颇具软件特色的滤镜效果，它不仅给我们提供了多种多样的太阳眩光效果，还提供了漏光、舞台灯光、雨滴、天气等这些很让人惊艳的效果。下面，我们选择一些纹理效果为大家展示一下它的魅力。

1. 将照片导入软件后，点击【编辑工具箱】图标，进入【编辑工具箱】后，选择【纹理】图标，即可看到纹理效果

2. 进入【纹理】界面后，可以看到MIX软件为我们提供了眩光、渐变、漏光、颗粒、舞台、雨滴、天气这7种纹理效果

3. 当我们选择一款纹理效果后，点击其图标，可以调整纹理的强度，以及纹理的角度

4. 改变纹理的角度，可以看到眩光的位置和角度发生了变化

眩光效果

【眩光】滤镜

1. 将照片导入MIX的【编辑工具箱】中，在【纹理】中，选择【眩光】，并尝试多种眩光效果

2. 眩光中的F3效果

3. 眩光中的F4效果

4. 眩光中的F5效果

5. 眩光中的F8效果

6. 眩光中的F14效果

渐变效果

【渐变】滤镜

1. 将照片导入MIX的【编辑工具箱】中，在【纹理】中，选择【渐变】，并尝试多种渐变效果

2. 渐变中的S1效果

3. 渐变中的S2效果

4. 渐变中的S3效果

5. 渐变中的S4效果

6. 渐变中的S5效果

漏光效果

【漏光】滤镜

1. 将照片导入MIX的【编辑工具箱】中，在【纹理】中，选择【漏光】，并尝试多种漏光效果

2. 漏光中的L1效果

3. 漏光中的L2效果

4. 漏光中的L3效果

5. 漏光中的L4效果

6. 漏光中的L5效果

舞台效果

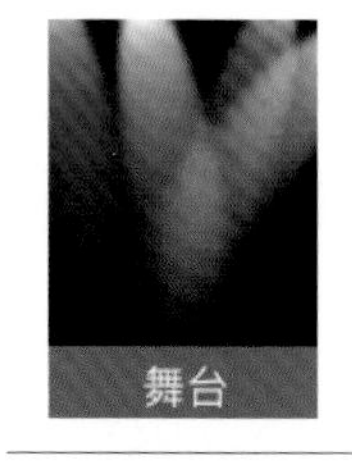

【舞台】滤镜

1. 将照片导入MIX的【编辑工具箱】中，在【纹理】中，选择【舞台】，并尝试多种舞台效果

2. 舞台中的S1效果

3. 舞台中的S2效果

4. 舞台中的S5效果

5. 舞台中的S6效果

6. 舞台中的S10效果

雨滴效果

【雨滴】滤镜

1. 将照片导入MIX的【编辑工具箱】中，在【纹理】中，选择【雨滴】，并尝试多种雨滴效果

2. 雨滴中的R3效果

3. 雨滴中的R5效果

4. 雨滴中的R6效果

5. 雨滴中的R7效果

6. 雨滴中的R8效果

天气效果

【天气】滤镜

1. 将照片导入MIX的【编辑工具箱】中，在【纹理】中，选择【天气】，并尝试多种天气效果

2. 天气效果中的W1效果

3. 天气中的W2效果

4. 天气中的W3效果

5. 天气中的W4效果

6. 天气中的W5效果

14.2 【滤镜】菜单中的多种滤镜效果

介绍完【编辑工具箱】菜单中的滤镜效果后，接下来我们介绍一下【滤镜】菜单中的效果，其实在【滤镜】菜单中，有些效果与【编辑工具箱】中的很类似，但还是有一些精彩实用的效果是【滤镜】菜单中独有的。下面，我们就挑选一些比较出众的滤镜效果展现给大家。

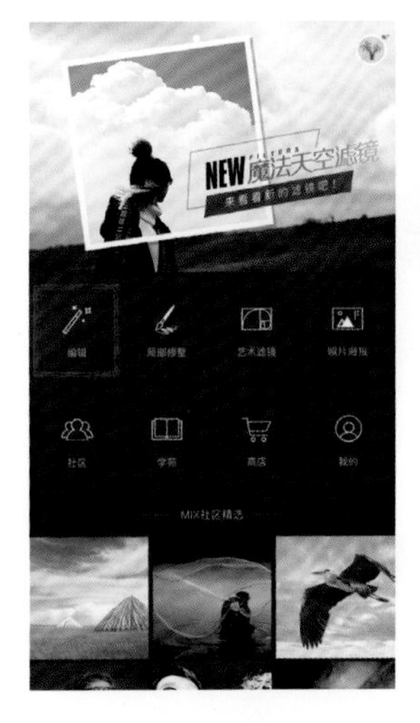

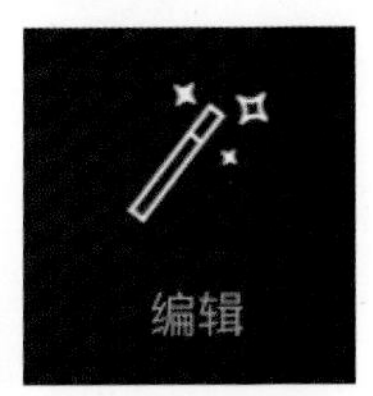

【编辑】图标

1. 首先打开MIX软件，并选择【编辑】

2. 选择需要调整的照片，导入软件中

【滤镜】菜单图标

3. 将照片导入软件后，就可以看到【滤镜】菜单了

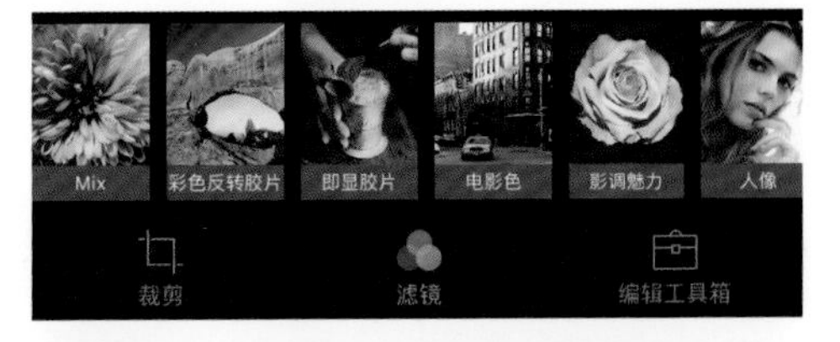

4. 在【滤镜】菜单中，可以看到有MIX、彩色反转胶片、即显胶片、电影色、重金属等滤镜效果

MIX效果

【MIX】滤镜

1. 将照片导入MIX软件中，在【滤镜】菜单中，选择【MIX】，并尝试多种MIX效果

2. MIX滤镜效果中的泛黄记忆效果

3. MIX滤镜效果中的日系效果

4. MIX滤镜效果中的小清新效果

5. MIX滤镜效果中的老照片效果

6. MIX滤镜效果中的淡雅效果

MIX软件中丰富的滤镜效果

电影色效果

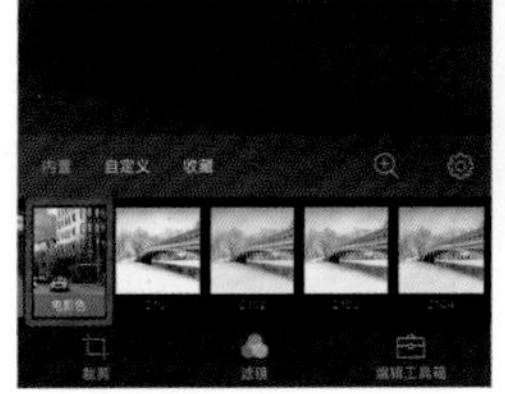

1. 将照片导入MIX软件中，在【滤镜】菜单中，选择【电影色】，并尝试多种电影色效果

【电影色】滤镜

2. 电影色滤镜中的C101效果

3. 电影色滤镜中的C103效果

4. 电影色滤镜中的C106效果

5. 电影色滤镜中的C108效果

6. 电影色滤镜中的C1011效果

影调魅力效果

【影调魅力】滤镜

1. 将照片导入MIX软件中，在【滤镜】菜单中，选择【影调魅力】，并尝试多种影调魅力效果

2. 影调魅力滤镜中的M101效果

3. 影调魅力滤镜中的M106效果

4. 影调魅力滤镜中的M107效果

5. 影调魅力滤镜中的M109效果

6. 影调魅力滤镜中的M110效果

人像效果

【人像】滤镜

1. 将照片导入 MIX 软件中，在【滤镜】菜单中，选择【人像】，并尝试多种人像效果

2. 人像滤镜中的 S102 效果

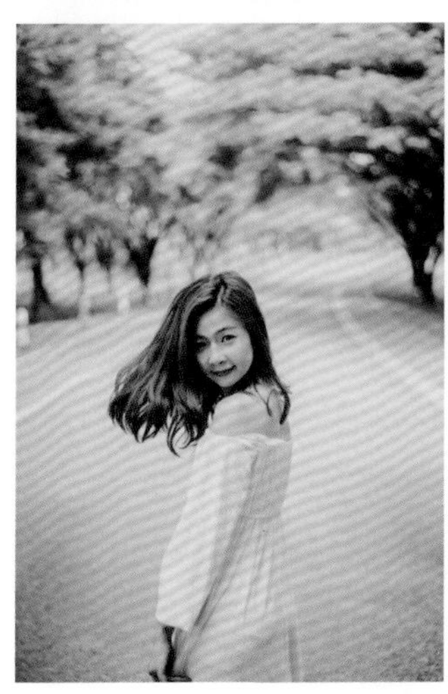

3. 人像滤镜中的 S118 效果

4. 人像滤镜中的 S113 效果

5. 人像滤镜中的 S122 效果

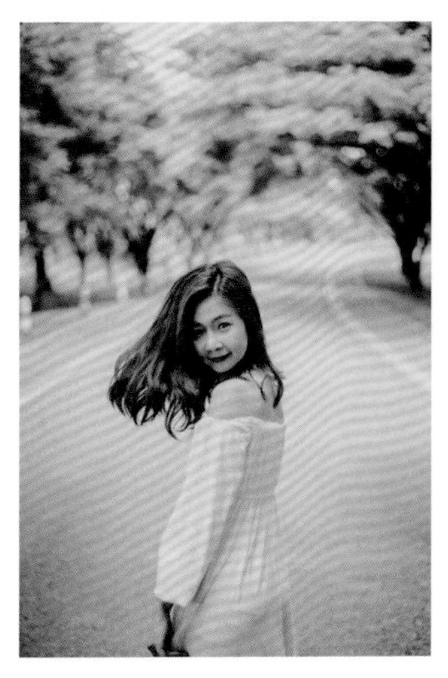

6. 人像滤镜中的 S108 效果

重金属效果

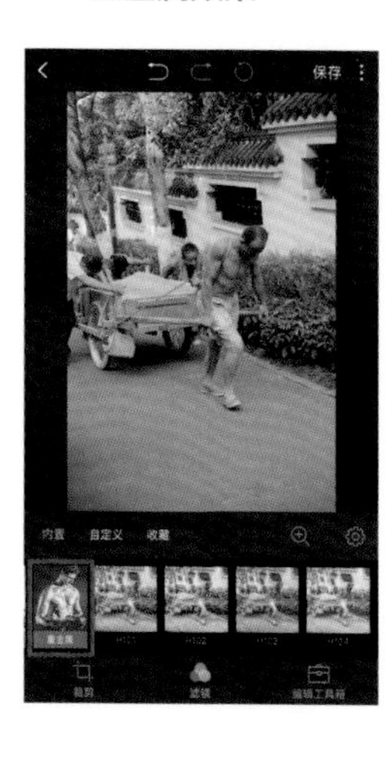

【重金属】滤镜

1. 将照片导入MIX软件中，在【滤镜】菜单中，选择【重金属】，并尝试多种重金属效果

2. 重金属滤镜中的H101效果

3. 重金属滤镜中的H102效果

4. 重金属滤镜中的H103效果

5. 重金属滤镜中的H104效果

6. 重金属滤镜中的H106效果

雪山效果

【雪山】滤镜

1. 将照片导入MIX软件中，在【滤镜】菜单中，选择【雪山】，并尝试多种雪山效果

2. 雪山滤镜中的S201效果

3. 雪山滤镜中的S202效果

4. 雪山滤镜中的S203效果

5. 雪山滤镜中的S204效果

6. 雪山滤镜中的S206效果

14.3 如何自定义滤镜

MIX软件之所以受人们喜爱，除了其本身拥有的默认滤镜效果外，还可以通过自定义新增滤镜效果，我们可以通过调整画面亮度、阴影、色彩平衡、曲线等信息，自己调整出的滤镜效果，将这种效果保存在自定义菜单中，便可以在处理其他照片时使用该自定义滤镜。

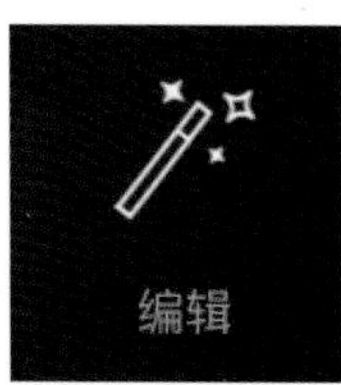

【编辑工具箱】图标

1. 将一张照片导入MIX软件中，选择【编辑工具箱】对其进行编辑处理

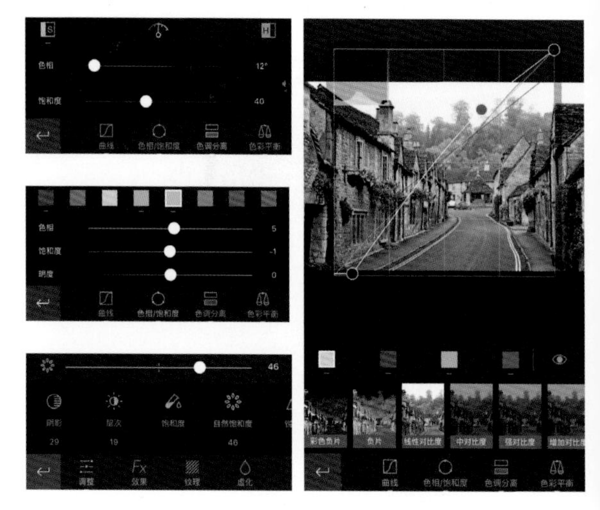

2. 调整画面的曝光、色调、饱和度、曲线等信息

【保存滤镜】工具

3. 调整照片完成后，发现很喜欢自己调整出的这种效果，可以点击【保存滤镜】工具，将当前编辑效果保存为新滤镜

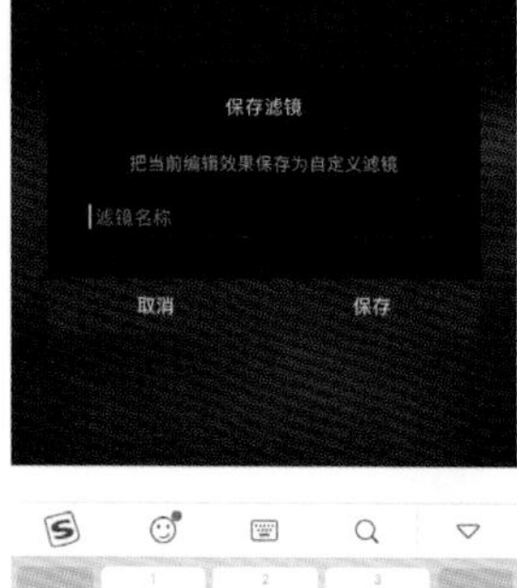

4. 为新滤镜起名字，之后点击保存，新的滤镜便保存成功，在使用时可以在【自定义】菜单中找到

14.4 如何下载和收藏滤镜

除了可以自定义新的滤镜外，我们还可以通过免费下载以及收费下载增加滤镜效果，另外，如果有哪一款滤镜是我们常会用到的，还可以将其收藏在收藏菜单中，以方便我们使用。

14.4.1 如何收藏滤镜

1. 如果我们没有收藏过滤镜，在收藏菜单会有收藏滤镜的方式，很简单，点击滤镜下的桃心图案就可以了

2. 点击一款滤镜效果，出现桃心图案

3. 将桃心图案点亮成红色，就可以将此滤镜收藏

4. 当我们处理新的照片时，可以点击【收藏】

5. 为照片换上收藏的滤镜效果

14.4.2 如何下载滤镜

1. 进入MIX软件首页，在首页上方，可以看到新滤镜下载的提醒，或者在MIX社区精选也可以下载滤镜

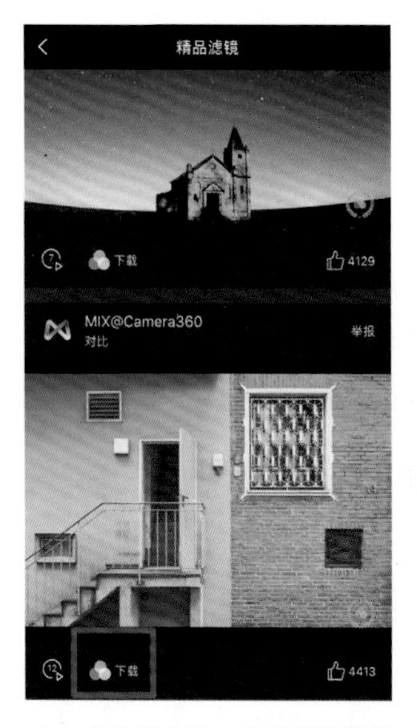

2. 点击进入后，会看到滤镜效果，以及相应的展示照片，选好一款滤镜后，点击该照片左下方的【下载】，便可以下载该滤镜效果了

3. 如果是MIX的新用户，没有注册过账号，需要注册一下MIX账号

4. 下载滤镜过程中，可以对原始的滤镜名字进行修改

5. 而后会看到滤镜下载成功的提醒

6. 在处理照片时，可以在【自定义】菜单中找到下载的滤镜效果